隐藏的教练

——提问的道与术

那子纯 著

石油工业出版社

内容提要

本书以对话的形式展现了115个真实的故事，故事的核心就是提问。在一问一答中，作者作为提问者，实际上是一个隐藏的教练：面对谈话对象的问题或者困难，通过提问，引导其问题得到解决或找到解决方向。本书谈话对象是作者的同事、亲友，谈话内容涉及事业、生活、心灵等诸多方面，故事性和专业性都较强，是一本适合大众阅读，尤其适合作为希望成为教练型领导、教练型老师、教练型家长的应手读物。

图书在版编目（CIP）数据

隐藏的教练：提问的道与术／那子纯著．—北京：石油工业出版社，2017.10

ISBN 978-7-5183-2238-1

Ⅰ．隐… Ⅱ．那… Ⅲ．提问-言语交往 Ⅳ．B8425.5

中国版本图书馆CIP数据核字（2017）第261880号

出版发行：石油工业出版社

（北京市朝阳区安华里2区1号楼 100011）

网　　址：www.petropub.com

编辑部：（010）64255590

图书营销中心：（010）64523633

经　　销：全国新华书店

排　　版：北京苏冀博达科技有限公司

印　　刷：北京晨旭印刷厂

2017年11月第1版　2021年5月第3次印刷

787毫米×960毫米　开本：1/16　印张：20.5

字数：286千字

定价：56.00元

（如发现印装质量问题，我社图书营销中心负责调换）

版权所有，翻印必究

序一　学习与创造

我和那老师缘起于 NLP（Neuro-Linguistic Programming，神经语言程序学）和教练技术，他曾在不同的场合说过我是他这方面的老师，我总是回应说："他是我的导师"。

接到老师邀请写序，我的确深感荣幸。唯有精心阅读每一段文字，才能抚慰自己受老师礼遇下的惶恐之心。这样的心理状态随着读完三遍书稿，才逐渐平静。这才想起关于写序的事情，老师只说了两个字"真实"。

《隐藏的教练》是一本真实的书，每一个案例都是作者亲身经历的，来源于作者的生活和工作，我也在案例中。在书里，既可以读到 NLP 的基本精神，也可以找到教练技术的影子，还可以捕捉到催眠和系统排列的痕迹，其中"隐喻"的运用真是精彩。而我最真实的感受是，老师将这些来自西方的理念和技术"隐藏"在了中华文化的底蕴之中，如平静的湖水，让人心生温暖与敬意。读懂一本书，如同读懂一个人。仁爱是老师之心，是他驾驭技术的根本，这从老师对"古今中外"关于"问"的理解就可以感受心之所在，也可以从我与老师过往中从不涉是非而自明。

中国的成长和进步令世人瞩目。与此同时，中国人要面对大量快速、复杂的变化和变革，这些"变"所带来的心理影响使很多有见识的中国人积极作为，很多专业机构、企业培训都在努力为此找到恰当的疏通渠道和转化方法，教练技术是其中之一。在当下，"教练"这个角色已经渗透到各行各业，渗透到管理者的实践工作中，渗透到人们的生活中，本书中的案例便是最好的证明。

中国人常说的"以道驭术"，是中华文化的传统智慧之一。清华大学人文学院历史系教授、博士生导师，彭林先生在《彭林说礼》一书的自序中写道："不同民族、国家的交往，应该彼此尊重对方的礼仪传统。具体做法是，'入境问俗''入乡随俗'，这是不同的文化享有平等的尊严的体现，是国格之所在。"老师之道，在于立足文化之本的转化行为所实现的驾驭，完成转化行为的根本是老师惊人的学习力与创造力，与他接触或阅读他的著作都会得到相同的感受。从我的角度看，学习与创造是他践行生命的重要途径，如同本能又如同生命的羽翼，勇敢、惊人。

老师允许我从教练的专业角度看这本书。

这本书，主观又客观。当读者负责思考时，是这本书的客观呈现，阅读这些对话时，提问和回答是各自的主观。客观的是，提问的主观是随着客观对象的主观流动而客观流动，尊重主观的意愿是提问的客观存在。主观与客观相对存在，总体是客观的，起到了由事及理的引导效果，并允许结果自然发生。请你思考："阅读这本书，你可以有哪些角度呢？"

这本书，简单又精妙。简单的是结构，精妙的是语言。语言显露一个人深层的内涵，也呈现一个人思考的层次。书中用直接的对话创造了一个单纯的思维空间，大量呈现思考的层次。在妙趣横生的"问"和真实的"答"之间，智慧润物无声地触发着记忆的深处，拨动着潜藏的力量，生发着新的生命力。我想，这是老师最用心的地方。请你思考："书中哪些语言模式与你相似，抑或与你大相径庭？"

这本书，关注存在的意义。一个人思维的本源起于"爱"本身，世界是温暖的。每一个个体是独立存在，凭借对世界的理解而找寻存在的意义，进而赋予个体生命的意义。例如："你是如何知道……"的提问，会让你专注在当下思考"你以怎样的状态存在的"，再问"你做到什么可以……"让你专注当下看到"你可产生的行动"的可能性在哪里。阅读中你会发现，越是小处越是提问，越是提问越是活在当下。请你思考："学习是如何发生的？"

关于本书，"提问"是送给大众的礼物。

段钢

2017年6月

序二 把技术的根深深植入实践的土壤

给这本书作序，心理有一道过不去的坎——我确实不懂教练技术。这一点，书里一篇文字提到过。实际上，没和子纯说的是，我是不大相信教练技术！

很意外吧？但这是我的心里话。接下来要说的是，我不大相信教练技术，但绝对相信子纯这个人。我有一个基本的判断：不是教练技术改变了子纯，而是子纯改变了教练技术。当然，我没有能力也不愿去做严谨的论证，按理不应该下这个结论，权当是我的"假设"吧：子纯对教练技术的完善，大于教练技术对他的完善；子纯对教练技术的提升，大于教练技术对他的提升。

先说两个经历吧：

第一个，其实已在《思维创新》序里讲过，这本书中再次被子纯提及。一次他列举了我诸多缺点，然后不容置疑地说，你不要解释，如果你认为自己有这些问题，你就去改；如果你认为自己没有这些问题，你要反思：为什么会给别人这样的印象？具体他批评了我什么，我早忘却了，但这件事对我的冲击却延续至今：凡事只有从自己身上找原因，才是最正确的办法。你可以认为这很是无情无理，但它恰恰是真实、正确的实践逻辑。读这本书，你可以体味一下，这是不是这本书最核心的处事原则呢？所有的案例几乎只有一个指向，那就是如何认识和解决自己的问题，请注意，就是要解决"自己"的"问题"。需要特别告诉你的是，子纯批评我的那件事发生在2004年前后，而子纯接触教练技术，至少在六七年之后吧。

第二个，子纯做培训工作两三年后，送我一本《重塑心灵》，这本书应该是教练技术经典教材吧。我翻过两遍，坦率地讲，前面的十几条原则，我都特别赞同，也愿意去实践，但后面有关技术的内容，真的没有读进去，几乎就只能强迫自己看了。我从没有对子纯说过这个感受，主要是看他对教练技术太投入，而且不断地小有成就：V字形理论、平衡轮圈、行动学习等，我分不清哪些是他在借鉴，哪些是他在创造。他的课我也听过，感觉非常好。有位层次比较高的领导听了他的课，很惊叹地说："没想到子纯研究得这么深！"子纯能得到这样的评价，我发自内心地高兴，甚至有些自豪，但我没有向子纯反馈——这是我既定的原则，在教练技术这件事上，我只是看，既不做正向激励，也不做负向激励。因为我一直还很奇怪，如果这门技术非常好，为什么很少有人向我提及其他老师的同类课，更不要说点个赞了。而且，我现场也观摩过一节教练课，那位老师也是子纯很认可的，什么感觉呢？坦率地讲，就是不大舒服，老师和学员的对话不在一条线上，老师的话是飘着的，落不到地上，而学员似乎又找不到入口，像憋着一口气，不吐不快而又无处可吐。

于是我在想，子纯的成功会不会是个孤例呢？这句话可能对很多人打击很大，大家就当是外行人的"八卦"吧，如果你非要和我较劲儿的话，不妨也用一用教练技术的原理——为什么会给我这种印象呢？是不是要从自己身上找原因呢？

子纯的不同之处到底在哪里呢？我觉得核心的有三条：

第一，大一点讲是他的价值观，小一点讲，是他的抱负。我想子纯大约不会再重返领导干部岗位了，放开一点讲，于他也无妨。要我真心地评价他，我觉得他身上有一种与生俱来的气质，这种气质极像传统士大夫与贵族气质的融合，骨子里充溢着"为生民立命"的责任感，心通万物，忧天悯人，或穷或达，终不改其志。他讲"利人""利他"，不是用来说服别人的，而是自己用来安身立命的。《论语》有个词，叫"无欲则刚"，和子纯相处日久，我觉得这个词要改一下，应该是"有欲无私则刚"，无"欲"怎么能"刚"呢？能挺直脊梁的会没有追求吗？子纯的刚毅既来自无私，更来自他的理想，无厚德难以载物，无大志难以恒心，正因为有"欲"，他的"刚"才更有灵魂。他于世界的理念从来都不是老子的"以万物为刍狗"，而是有着强烈的改造、改变、改善的愿望，正如同样是面对教练技术，大多数人是用来内省，于他则是用来化人。他很想按照他的价值观编织成一张网，让他所接触到的人都成为这个网中的一个结。在我看来，教练技术只是当下的他在结个网时使用的一个梭而已。很多时候我都在想，子纯是不是需要一只更好的梭呢？

第二，做解决实践问题的培训，有一种不可或缺的要素，就是充分而高质量的阅历。阅历不仅仅是实践的积累，更是实践的升华。实践必须丰富而深刻，阅历的品质才会更高。怎么评价子纯前些年的工作呢？用"工作狂"这个词显然不准，味道也不对，如果用"事业狂"这个词，熟悉他的人大概会认可吧。他于工作的标准从来都不是那些制度里写的，不是上级定的，而是他自己在工作中自然而然生成的，工作需要、企业需要、事业需要，这就是他心目中理所应当的标准。十几年的组织工作中，子纯的思考、子纯所做的工作，远远超出他的岗位职责，主动触及的矛盾，是很多人不愿去碰或根本就不去碰的。也正所谓实践出真知，斗争长才干，读一读他的《大匠无弃材》，就会知道他在干部管理上所达到的深度和高度。而且，就那本书来讲，我曾代他删掉了多篇文章和诸多细节，那些删掉的不是不精彩、不是不正确，恰恰正相反，比现存的还要精彩，只是由于太过写实、太过激烈，我不希望公之于众后伤害到子纯，或者伤害到当事人。总有一些尘埃要自行落定，我只想让那些特殊的过往，平静地消融在子纯的生命中。有一句话叫"隔行如隔山"，还有一句叫"隔山不隔理"。"山"是表象，大家都看得见，"理"则是内在规律，隔与不隔，要看我们能不能领悟到精髓了。没有深刻的领悟，是打不通这个"理"的。面对培训对象在工作中的困惑，子纯那些独到的、让人豁然开朗的引导，有技术、技巧的成分，但千万不要忽视，它们的源头其实是实践，是对真实实践的观察与思考，是在贯通了"理"的基础上的观察与思考。所以，在这本书里，我所能感受到的依然是十几年前的那个身影，在讲台上、学员中来回踱着，突然回过头来，目光坚定地盯着你：你这样考虑过问题吗？初心依旧，情怀依旧，只不过，置身事外，没了风口浪尖，他的问题也轻灵了很多，少了些往日的凝重。

第三，陆游说，功夫在诗外。好比一把宝刀，不是在谁的手上都能削铁如泥。从先天条件上讲，子纯是一个敏感、敏锐、敏捷的人，在感知人的变化、洞察人的内心，并迅速做出反应上，我不及万一。当下的培训中有一条公认的好方式：即时反馈，即时激励，而没有迅速的反应，"即时"是做不到的。从后天上讲，他的博学也是不多见的，和修佛的人谈佛法，和学建筑的女孩谈贝聿铭，和管理人员谈德鲁克，和我们谈《时间简史》、谈量子通信、谈图灵测试，那些天马行空的思想，那些信手拈来的掌故，恕我浅薄——我是常生敬意。子纯读书，不仅多，还有"死磕"的精神、"读活"的追求。他自己讲：《围城》他读了十遍、《重塑心灵》他读了十三遍、《阿Q正传》他读了一百多遍……一百多遍！这是什么概念？我立即想到了宋相赵普的"半部《论语》治天下"！一百遍，那还是读书的状态吗？那一定是思想的状态、创造的状态吧！

好的技术、好的工具必须与好的内容结合，这是我的基本观点。正如我们这些年引进了那么多的管理体系、信息系统，效果却远不如预期，一个重要原因就是这些工具并没有与实践结合好。对有志于学习教练技术的，我觉得应在研究实践上多下功夫，不了解学员面临的实践问题、不知道这些问题如何解决，是很难发挥催化作用的。不向学员提供答案，不等于我们可以没有答案，否则怎么知道学员的问题究竟是解决了还是没解决——我觉得子纯最大的优势正在于此，成功也是源于此。对于我们普通的读者来讲，在读这本书的时候，需要把自己放在那些个对话情景中，检讨、完善一下自己的心智模式，改变我们思考问题的路径，这一点我可以用亲身经历来证明，绝对受用不尽。

修改这篇序的时候，子纯在微信中发了他下一步要做的7件事，他说，这是他的使命。从内心讲，我不希望他把自己绷得这么紧。佛语讲，"有求皆苦"。当然，我无法确切体察他内心的苦乐，正如有人从书中那首《念奴娇》上无法与他感知同样的冷暖，这都是不同的人生境界使然。我只是希望他能过得轻松一些，让快乐流动起来。退一步讲，即使关于培训，我也不希望他在教练技术这条路上走得太深、太远，还是希望他越来越多地回归实践。我们一起做干部考核谈话时总结出一句话，用来做这篇序的结尾最能表达我此刻的想法，这句话是：没有技巧，就是最大的技巧。

谭成庄

2017 年 6 月

自序　只是提问

一

中国人历来是重视"问"的。

最早见《易·乾》："君子学以聚之，问以辨之。"这句话的意思就是：既要向外广收博取，也要向内结合经历去辨识应用。

"学问"一词，饱含着中国人对品格、知识与技能的理解。

中国的文字，本身就是巨大的信息库，每一个汉字都储藏着古人对世界的认知。譬如："学"字的本意，就是指将前人沉淀的规律，在学堂里集中教给小孩子；"问"字的本意，就是指对他人的认知或行为生"疑"，这种"疑"源自个人的经历，"疑"所引发的将是求知、求解的愿望与行动。学而致行，行而生问，问而促学。学问，就是这样迭代的。

在中国文化中，"行"是渗透于"学"与"问"之中最重要的概念。

"行"，就是今天讲的实践。经历，就是过去的实践；计划，就是未来的实践。"学"与"问"，都是源于实践，也是指向实践的。

《礼记·大学》中讲："致知在格物。物格而后知至。"这句话的意思很深，千百年来学人们有多种解释，简单通俗地说就是：只有通过不断地实践才能穷极事理。至王阳明提出"知行合一"，再至毛泽东提倡"实事求是"，皆是集中国古人思想之大成的至理箴言。

《中庸·第二十章》："博学之，审问之，慎思之，明辨之，笃行之。"可以说，这是中国人最早系统描述的学习路径图。《论语·八佾》："子入太庙，每事问。"这是孔子最富榜样力量的故事。陶行知才有《每事问》诗句："人力胜天工，只在每事问。"

"五四"时期的学人们，也很重视继承"审问之"的传统。陈寅恪是20世纪20年代清华国学研究院所聘四导师之一，人称"教授的教授"，被吴宓、梁启超举荐为清华教授时才36岁，且无任何著作与博士头衔。他授课的特点是从不点名，也不小考，尤不喜欢笔试，却倡导学生在课堂上积极发问，且从不轻视学生提出的任何问题。

　　西方的学问，当然也是"问"出来的。被后人广泛地认为是西方哲学奠基者的苏格拉底说："最有效的教育方法不是告诉人们答案，而是向他们提问。""人类最高级的智慧就是向自己和他人提问。"他的提问方法，被称为"苏格拉底方法"。苏格拉底的教学自始至终是以师生问答的形式进行的，他从不把某个概念直接告诉学生，而是先向学生提出被后世称为"苏格拉底讽刺"式的问题，如果学生答错了，他也不直接纠正，而是提出另外的"定义式"问题，经过反复诘难和归纳来引导学生思考，最后通过"助产术"式的提问来引导学生自己得出正确的结论。苏格拉底的母亲是一位接生婆，苏格拉底说："提问就是接生，它能帮助新思想的诞生。"苏格拉底真是一位誓将提问进行到底的人。相传苏格拉底在生命的最后一刻，他的一位朋友悲伤地对他说："我是多么不希望你被如此不公正地处死啊！"苏格拉底平静地问："难道你希望看到我被公正地处死吗？"

　　提问代表内在的好奇，是学习发生的首要条件。发明家爱迪生从小就爱提问，他说："惊奇是科学的种子。"海森堡说："提出正确的问题，往往等于解决了问题的大半。"爱因斯坦说："提出一个问题往往比解决一个问题更重要。""我没有什么特殊的才能，只不过是喜欢寻根刨底地追究问题罢了。"彼得·圣吉说："提问引发思考，告知引发争辩。"谷歌CEO施密特说："我管理公司是靠发问，不是靠回答。"

　　西方的提问技术发展到今天，日臻专业与精深。譬如自我心理学之父艾里克森、家庭治疗师维吉尼亚·萨提亚、现代管理学之父彼得·德鲁克、行动学习创始人雷吉·瑞文斯、企业教练之父托马斯·罗纳德等等，都是精于提问的大师。雷吉·瑞文斯甚至这样定义学习：$L = P + Q$。L代表学习，P代表程序性知识（即操作性知识，引申指理论经实践检验而生成的个人经验），Q代表洞察性提问。

德鲁克先生，被尊为"大师的大师"。他说："如果你不改变提问的方式，你永远都不会成功。"著名的"德鲁克五问"，使无数管理者陷入沉思。他当年向杰克·韦尔奇提出的两个问题价值连城："如果你还没有涉足某个商业领域，那么今天你会进入吗？如果答案是否定的，你又将如何处理已经涉足的这个领域呢？"正是这两句充满睿智的发问帮助形成了韦尔奇"数一数二"的战略思想，也正因这一卓越的战略思想才塑造了韦尔奇"20世纪世界第一CEO"的伟大传奇。

二

提问，也许是最好的沟通方式。

只是提问。

"针对你的现状，你最想改变的一点是什么？"

"那么，第一步你会做什么？"

"目标达成后，对你和你的家人意味着什么？"

面对这样的提问，任何人都会陷入思考。

孩子："妈妈，我长大后做什么好呢？"

妈妈："你喜欢做什么？"

高明的妈妈会引导孩子将内心的喜好与未来的生计连接起来。

这时，暗示就仿佛是一颗种子。

学生："老师，我将来应该做什么工作呢？"

老师："你正在为将来做什么工作而努力？"

高明的老师会引导学生将未来的设计聚焦到当下的行为。

学生会感受到来自内心的省察与敦促。

员工："厂长，您以后会安排给我什么岗位？"

厂长："你擅长做什么？"

高明的厂长会引导员工冷静地认识自己、严格地管理自己。

当然，厂长也可以反问："你想知道我是怎样走到今天的吗？"

经理："我到底应该怎样做？"

教练："您到底想要什么？"

高明的教练只是帮助对方认清自己埋藏在内心深处的愿望。

并且相信对方或至少使对方相信：正确的目标靠自己的力量就可以达成。

提问的前提是尊重。起心动念皆是爱。

提问的态度必须中正。每句问话都不含指责、指教甚至劝导。

提问的方式必须像水一样灵活。一切在跟随中推动。

提问者自身要保持开放，聚焦于使对方运用自身力量去创造更多可能。

提问是把思考的主动权交还给对方。面对提问没有人会拒绝思考。

正确的提问本身就隐藏着指向正确答案的路径甚至是正确答案本身。被提问者自己找到解决难题的答案，才会真正成为解决难题的主人。

提问是将对方的人生经验放在洞察性提问中去生成新的信息。

好的提问，会带来无限的可能。

培训界有句话："你的早餐，吃的其实是你的答案。"

你的行动，只是在将答案付诸实施。

提问的本质是在设定我们的行为，并决定了可能的结果。

一个人的学习，很大程度上是在改造和升级自己的提问系统。

非凡的结果，始于非凡的提问。

几乎所有难题都可以通过足够数量的正确提问得到解决。

向自己提出好问题，就是在教练自己。

只能在提问中学习提问。

三

这是一本案例集，共115篇。

记录着完全来自现实生活中的真实故事。

全部是对话——确切地说，核心的内容全部是提问。

当然，我是提问的那个人。谈话对象都是些普通人，他们中有我的亲人、朋友、朋友的孩子、曾经的同事、现在的同事，当然还有我的学员，他们在企业管理岗位上从事着各种各样的工作。

但在那些对话中，我是隐藏的教练。

我写这本书——其实只是记录下这些故事，是想告诉人们：仅仅是通过提出好的问题，我们就会解决问题或为解决问题找到正确的方向。

时光回溯到2015年11月的时候，我与出版界的一位朋友在手机微信里有一段对话。

我："我想写一本书，大概会写百篇左右的短文。全部是真实的对话记录，谈话对象是同事、亲友，他们大多是国企各层级的管理者，谈话内容涉及事业、生活、心灵等诸多方面。这些对话最大的特色，就是一对一的面对面交流或手机微信交流，我暗暗扮演了教练的角色，往往通过提问的方式，使谈话对象的问题得到解决或找到解决方向。请您从专业做书和读者的眼光看一下，这本书在读者群中会有怎样的反响？"

朋友："谈话的具体内容是什么呢？"

我："其实，我要写的这本书，属于一本专业书，只是用故事的形式来写，受众面会大一些。我运用NLP技术、隐喻技术、企业教练技术和我在大型国企从事十几年人力资源管理中积累的实践经验，来解决职场人士遇到的问题。我先发几篇这样的短文给您看看，这几篇对话是事后觉得有趣随手记录下来的。"

我发了几篇短文给朋友。

过了几天，我们在微信里继续对话。

朋友："看了您记录的对话，挺有意思的。"

我："这些年搞培训，积累了很多这样的素材。我主张用隐喻、提问、引导来使学员自己解决自己的问题，关于这样的教练技术、引导技术，市场上理论性书籍很多，故事性书籍很少。"

朋友："有的案例很有意思，但有的案例过短。可能您对故事的背景了然于胸，可不了解背景的读者就不大容易理解了。"

我："是的，给您看的那几篇对话只是素材。"

朋友："内容的确很有意思。"

我："目前我主要做教练、引导、催化甚至心理治疗这样的培训。"

朋友："我们原来出过一本关于行动学习的书。"

我："市场上这类书籍极丰富，译作多，原创少。但像我这样全部写成故事的还很少。我做培训，主张体验化、训练化，注重故事推动，所以积累了不少实战案例。这些案例的形式，就是我在提问，对方在反思。用提问促进反思，以反思推动行为。我在大庆油田从事领导人员管理工作13年，这是我做企业教练的优势，有这种背景的教练还不多。"

朋友："这本书叫什么名字呢？"

我："北京电视台有一个节目叫'隐藏的歌手'，很有趣。这本书打算叫《隐藏的教练》。我希望这本书有一些有趣的插图，线条简练的、黑白的。这本书也可以叫《提问的道与术》，因为之前我有这样一门课程——或者用作副书名也可。"

朋友："可以，您写吧。"

一次，跟另一位出版界的朋友聊天，提到要写的这本书。他曾在多年前为我的国企用人著作《大匠无弃材》做责任编辑。朋友说："以您过往的经历和现在的专业背景，写这样一本故事性很强的书，会很有意思的。"

于是，便决定写这样一本对话录——《隐藏的教练》。

2017 年 6 月

目 录

第一辑
宗教般的态度

3/你想要什么？
4/兼得
6/活在当下
8/依据
9/一句提问，三次反省
12/谁最应该接受培训
13/拒绝的正确意义
14/可怕的高度一致
15/宗教般的态度
17/韩老师有些紧张
18/你想说服谁？

20/舒服
21/真相与假设
22/一首既热又冷的词
24/假设没有完美的沟通
26/感悟生命
26/幸福问答
28/哭泣的小兰
32/小兰又哭了，但……
35/改变的方法
36/关于平衡轮圈和 V 字形理论
38/给自己当教练

第二辑
假设胜过真相

45/并非专业的建议

47/奇怪的贪心

53/没有两个人是一样的
54/关于拒绝
57/不要欺骗自己
60/难画的是什么？
62/为了那些逝去的我
64/你是谁？
66/为教练爸爸做教练
70/怨恨他人，就是不原谅自己
73/偶遇
75/门
76/领悟

77/重点
78/假设胜过真相
78/封闭式的谈话
80/迷惑的野鸭
82/正面的行动，才是最好的反应
83/谦逊的力量
83/我们是做什么的？
86/意外的收获
87/你真的会这样做吗？
89/尊重的多重意味

第三辑
遗失的秘密

95/机智是一种善
97/回答段老师的提问
98/责任心从哪里来？
99/要舍得给下属时间
102/学会跟自己的经历对话
103/催化师、拳王与军训
104/遗失的秘密
107/野鸭子的连续剧
110/临别，赠人以问
111/现场发生的，就是应该发生的
113/抵抗来自……

114/五级落地
117/又谈五级落地
120/孩子执意要回家
121/当孩子说他什么都懂
124/对我的求助，老师们说……
127/一次奉命的谈话
130/又一次奉命的谈话
134/关于母亲的一场讨论
137/可怕的自动化聆听
138/一对二的教练
141/佛的旨意

第四辑
工具的力量

147/更新师资的话题
148/他才是我的教练
150/儿子的梦
153/理解层次
156/工具的力量
163/事实总是友好的
164/关于催化话题的相互催化
166/关于热脑的问题
171/执着的张老师
176/再问一次，你是谁？
179/关于盔甲的讨论
184/梧桐树上的昆虫

188/小男孩下床的启示
191/累人的游戏
195/设计
198/那个提问引发的私聊
201/女儿与父亲
203/父亲与女儿
206/极简的对话
214/缓慢打分的小组长
216/真相与事实
218/关于世界观
220/赠送两个问题

第五辑
成为你设计的样子

223/请你告诉我
224/你可以不回答
225/自由自在
227/刁难的问题
228/兼得才是最好的方法
230/渴望教练
233/不妨先讲个故事

235/也有毫无效果的时候
238/一句直抵三个人内心深处的提问
239/提问练习课堂中的真实对话
257/说话紧张的年轻人
260/焦虑的年轻人
262/一位可爱的"80后"中层干部
263/你会撕便利贴吗？

266/ 不是因为旁观者清
267/ 用提问重新定义难题
271/ 做难题的主人
274/ 我也没想到
274/ 想要的状态

275/ 成为你设计的样子
277/ 其实还有更多选择
278/ 三人行，必有吾师
280/ 元宵节快乐

特辑
不妨提问

287/ 对话那子纯——思维

296/ 那子纯《读书谋生》微课文字实录

后 记

第一辑 宗教般的态度

生活，是一门宗教——你可以这样假设。于是，"你想要什么？""怎样才能实现共赢（你好、我好、世界好）？""如何活在当下？"便是很好的问题。所以，最好的人生姿态是懂得轻松地、哲学地、艺术地、平凡地去生活，甘于节俭，悦于寂寞，痴于思考。好的宗教是让人更有智慧、懂得爱，而不是陷入刻板的形式——生活也是如此。

你想要什么？

2015年7月下旬，我在河南为某企业内部培训师讲催化技术。我问一位老师："你为什么想学习催化技术？"她说："是领导要我来学习的。"我问："那么，你自己想要什么？"她显然没有想过这个问题。

其实，"你想要什么？"这是一个多么重要的问题啊！可惜，很多人没有认真想过这个问题。这将导致什么样的后果呢？那就是不清楚自己每天重点应该做什么以及怎样去做。

在学习催化工具的过程中，一位老师产生了明显的抵触情绪。我问："你应用过什么样的行动学习工具？"他说："没有过。"我说："那么，你是怎样如此确定地怀疑你所没有应用过的东西呢？"他一时语塞。我又问："那么请告诉我，你理解的行动学习是什么？"他语无伦次地说了些句子，我相信若将他的话打印出来他自己必会羞于承认。

接着，我问大家："请问，高水平的研讨有什么特点？"每位老师都说出了一些高水平研讨的特点，我在白板上一一作了记录。然后我问大家："那么，因此需要制定怎样的研讨规则呢？"大家愕然相觑。我便借机讲了几条研讨规则，大家兴致很高，纷纷记录、发言。

于是，我接着问："刚才我们已经学习了一些行动学习的理念与方法，还有一些催化技术，那么请大家思考一个问题，行动学习工具的应用原则是什么？比如，议题的产生原则、工具流程的再造原则、优选投票的原则、成果管理的原则？"大家显然感觉这些问题有些难，但气氛已经不允许大家畏难，纷纷进行讨论，并整理出了一些结论。我对这些结论一一进行点评后，又回答了大家的一些问题。

我拿出一个力场分析❶的工具，要求大家演练。我在各小组桌边走动，观察每个人如何工作，我看到尽管有人很生硬地在进行演练，但有的小组还是很快就进入了状态。最后我让大家谈谈体会，结束了力场分析的练习。

一位老师说："老师，您教的这些东西很实用，可惜我们平时没有用过，甚至连听都没听说过。"我说："这不重要，重要的是我们现在不是已经开始学习了吗？我相信你很快就能学会在培训中使用，你会得到你的学员们送给你的惊喜。"这位老师用力地点点头。

> **结语**
>
> "你想要什么？"这是一个多么重要的问题啊！可惜，很多人没有认真想过这个问题。要知道，这个问题隐藏在人生旅程里你所遇到的每一件事情当中。尤其是当你脱口而出"这是父母要我做的""这是领导要我做的""这是朋友要我做的"时候，应该静下心来问一下自己："那么，我自己想要什么？"其实配合这句提问，还可以连续深度发问："那么在你看来，什么最重要呢？"待对方回应后，再围绕对方回应的关键词追问："这又能够带给你些什么呢？"对方回应后，继续锁定关键词追问："凭它，你又可以得到些什么呢？"待对方回应后，可以将对方前几次回应中的关键词陈列出来发问："那么，这当中你最在乎的是什么呢？"往往这样几句连贯地问下去，对方会深深挖掘内在的愿望，将那些连他自己都惊诧的想法一一浮现出来。

兼　　得

台上，红旗渠干部学院的一位老师在介绍自己的一门课程。台下，坐

---

❶ 力场分析是美国社会心理学家库尔特·卢因提出的现代心理学理论。

着几十位来自不同管理干部学院或党校的老师和培训专家。

这是一场课程评审会。

我对身旁的洪老师说:"这门课程很精彩,可以请到大庆油田来讲。"

过了一会儿,我又对洪老师说:"其实,你也可以请她到大庆油田给我们油田的培训师们讲一讲,怎样开发课程。"

评审发言中,先后有十几位老师和专家,毫不客气地指出这门课程存在的问题。专家们的意见主要是说课程的内容太多,面面俱到,不够聚焦和深入。其中,一位资深老师提出的修改意见非常中肯和独到。

散会后,我注意到那位红旗渠干部学院的老师站在那里一直在与其他几位老师们交流,神色凝重。我决定走过去,跟她说一番话。

我跟她打了一个招呼,问她:"这门课程你讲过多少次?"

她轻声说:"20 多次。"

我问:"学员们的反响怎样?"

她冲口说:"一直都是很好啊!"

我说:"那你怎么看大家提的意见呢?"

她又低下声音,诚恳地说:"提得很好,我在想怎样修改呢?可是,这样修改会很大……"

我笑了,看着她,没有马上说什么。

她大约觉得我的神情有些古怪,问道:"您没有发言,您怎么看?"

我说:"我对红旗渠了解不多,在我听来,这是一门很好的课,信息量很大。我能感觉到,您在课中有很多思考。"

老师沉吟了一下,说:"可是,您怎么看专家们的意见呢?"

我说:"提得很好啊!"

老师显出有点糊涂的表情,说:"可是您刚才说……"

我说:"为什么要改?既然学员们认可,为什么要改?您现在这样的讲法,也是一门课。像专家们讲的那样改,会是另一门课。所以,这门课程您先放在一边,然后您来备一门新课好不好?为什么不把专家们的意见看作是一次新的研发机会呢？我觉得那位资深老师的建议就是很好的思路，然后您综合大家提的意见，再备一门新课。这样，关于这个主题，您不是就有两门课程了吗？"

老师眼睛亮了，轻快地说："啊？对啊，我怎么没有这样去想呢？这是可以的，我是可以做到的！"

我转身要走的时候，老师很感激地对我说："握一下手吧！谢谢您！"

老师兼得了。

至少，她不再纠结。

至少，即便她不去备一门新课，她也会怀着轻松的心情去修改眼前这门课程。

> **结语**
>
> 我们很少想到可以兼得，我们很少会将他人的批评当作新的机会。破除非此即彼的思维方式，我们的选择将会是开放的、灵活的、更善的。所以，"为什么不可以鱼与熊掌兼得呢？"是面临选择时首先要考虑的问题。或继续进行赋能式提问："假设两者可以兼得，那么接下来应该怎样做呢？第一步是什么？"

活 在 当 下

2015年5月至今，我一直在北京和大庆之间跑。工作在北京，家在大庆。某次回家的时候，看到一位非常要好的于姓朋友有些苦闷，脸色青黄，还有黑眼圈儿。正巧我的工作和生活也遇到一些问题，与他相似。

某日的午后，与大庆油田韩、左两位老师在离家不远的咖啡屋聊天。感受阳光、聆听音乐、品尝咖啡，一切都恰到好处。

韩老师问我："在课堂上，有的学员在研讨中考虑未来过多，离现实的研讨题目太远，我该怎么办呢？"

我说："你要使自己知道，学员此刻的注意力在哪里？你还要使学员知道，他此刻的注意力应该在哪里？"

他马上明白过来，恍然大悟地亮着眼神说："哦，对了！这就是您一直在强调的——活在当下！"

他很聪明。

本是我对他的开导，但之后回到北京的几天，我的思想一直处在被他明亮眼神开示的状态，一直在想"活在当下"这四个字的含义，发现我过去并没有真正弄懂。

现在对"活在当下"这四个字，我是这样总结的："活，本质应是做，不只是看，不只是想，而主要是做，同时感受自己的潜意识与身体传递给意识的信息；当下，指眼前，指境遇，指事实，其实还指除眼前刹那之外某一个长达数日、数月乃至数年的重要时期。活在当下，就是认清境遇，活在事实中，马上做眼前最正确的事，不要拖延，更不要耗散能量，并坚持做下去。所以，活在当下要分三步走：第一步，分析什么是当下最重要的事情；第二步，聚焦于这件事情，用大部分时间和精力去做（超过70%）；第三步，做这件事情的时候，要聚精会神，全身心投入，找到有效方法（三个以上），在成功中享受喜悦。"

后来，那位苦闷的、黑眼圈儿的于先生来北京出差，我约了谭先生（他恰好也借调在北京）、田先生两位好友陪他去首都历史博物馆和国家历史博物馆参观，又就近逛了大栅栏。因我们四人曾在一起共事，吃晚饭的时候，自然有许多话说。席间，我将自己关于"活在当下"的这一番思考讲给了于先生。他后来发短信给我，说受到很大启发。依据对"活在当下"这四个字的理解，我跟于先生一样，也大体解决了自己遇到的问题。

不久后的一天，我与谭先生散步，聊到生活中的一些困难，他说："唉，顶多再有五年就……"我冲口而出："五年也是日子呀！五年就不是日子了吗?"他愣了一下。我接着平缓地说:"其实,今天才是日子。明天都不是。昨天更不是。昨天就是死去的今天,明天又是未出生的今天。只有今天是正日子。"他笑了,缓缓点着头。

活在事实中,其中就包括与困难在一起,要跟它好好相处。

> **结语**
>
> "你此刻的注意力在哪里?你此刻的注意力应该在哪里?"有了这两句提问,便能够觉察到当下的自己,促使自己认清境遇,活在事实中,马上做眼前最正确的事,不要拖延,更不要耗散能量,并坚持做下去。"什么是你当下最重要的事情?""你是用大部分精力在做吗?""你在做这件事情的时候,是聚精会神、全身心投入的吗?你找到了多少个有效的方法?"有了这三句提问,就可以检验当下活着的质量。

依 据

出差回来,听到小杨问处长一个问题,但没听清楚是什么问题。过了一会儿,果然小杨来问我,于是有了下面一段对话。

杨:"海外公司基层的一位同志提出来,党支部只有一位纪检委员还不够,想成立一个纪检小组,您看这事行吗?"

我:"刚才你问处长的问题,就是这个问题吗?"

杨:"是的。"

我:"处长怎么说?"

杨:"处长给我一本书,让我找依据。"

我:"找到了吗?"

杨:"没有。"

我:"找找党章看,那是大法。"

杨:"看了,没有具体规定。"

我:"不会有具体规定的,也许有相类似的组织原则?"

杨:"也没有。"

我:"哦,那么——我看可以。需要就是最大的依据。"

杨:"你是说可以成立一个纪检小组?"

我:"是的,只要是真的需要。你看,我们所谓的这个依据那个依据,是从哪里来的?"

杨:"工作中啊?"

我:"是啊,我们现在这就是在工作中啊?原本这世上没有这些所谓的依据,有了工作,才有了依据。随着工作的深入,新的依据会被创造出来,旧的依据会被淘汰。"

杨:"真是这样啊!需要就是最大的依据。"

> **结语**
>
> "我们所谓的这个依据那个依据,是从哪里来的?"这句问话是转折点。其实此际还有一句问话更应出现:"你找依据的真实意图是什么?"对方通常会说:"是为了符合程序啊!"那么就可以接着问:"符合程序的目的是什么?"一直问到对方这样回应:"是为了解决问题啊!"解决问题,多么简单的道理!很多时候,我们出发很久之后,会忘记为什么出发。

一句提问,三次反省

一次,在微信中的一个培训圈子里聊天,大家谈到当前培训存在的弊端。一位老师问我:"依您看,当前培训存在的最严重问题是什么?"我说:"仅就课程而言,有三个:一是题目太大,不是一般的大,而是太大;

二是内容太多，不是一般的多，而是太多；三是训练得太少，不是一般的少，而是太少。"立即，圈子里有多人发表赞同。

我却开始反省：这些问题正是我本人存在的问题。后来我想，其实不仅培训界存在这样的问题，世间很多事情的症结，大抵都出在这里。

可是，我的反省没有在行为层面上促使我改变。

不久，就发生了这样一件事。

2015年9月初的一天。我接到一个电话："那老师，我们学院9月中旬有一个国企中层精英干部培训班，想请您用NLP和教练技术上一堂课，时间为一天，课程的题目是主办方确定的——《做更好的同事》，您看可以吗？"

我说："不行啊，我那个时间很忙，挤不出时间来，何况这是一门新课，只有不到两周的备课时间。"

电话那边："主办方对师资要求高，他们对您的课一直很满意，这次我们觉得这堂训练课很适合您来做，您气场强，能压住场，实在是想请您来，我们跟主办方都很期待！培训班的开班时间可以根据您的时间最终确定。"

还能说什么呢？何况这个题目我喜欢——《做更好的同事》。我给这个题目加了一个副标题：案例解析与情绪对话工作坊。

那些天，我忙得成了空中飞人，12天内要跑新疆、盘锦、北京、兰州、青岛。但我迸发了能量，硬是在已经分割殆尽的时间里挤出了一点时间，备好了课。

这次的备课方式延续了我近年来的备课模式：我要每一名学员提供一个关于同事关系的亲身案例，再从中提炼出一句情绪化的、代表内心信念的、原汁原味的、持续而有影响力的心声。然后，我将自己亲身经历的6个案例（我的案例库有164个亲身经历的案例）作为开场案例进行导入，再进行知识点解读，接着讲5个中场案例进行重温和提升，最后用NLP和教练技术——回应学员的案例与情绪。

但备好课后我发现，这个课的内容有点多，似乎是两天的训练内容，这不符合我的一贯教学理念：题目宁小勿大，内容宁少勿多。但因为内容很令我满意,没有舍得删减,内心里只寄希望于学员们祭出速度与激情,全部给予消化!不是说这期是"中层精英干部培训班"吗?我特地嘱咐班主任三点:选好小组长、提前破冰、准备好训练道具。

我自己对这堂新课也很期待。那天,我按照惯例提前10分钟进入教室,凭多年觉察学员气质、神态、举止的经验,略微产生一点担心。终于开始了。上午,我冒汗了!尽管我用了6个案例来导入,但学员显然进入课程要求的状态较慢,小组研讨每每超时,我的教学进度因此落后了90分钟。虽然学员极其认真听讲、参与训练,但效果不符合我的标准。下午讲中场案例,然后就是通过训练引导学员解读自己的案例与情绪,情况好了不少,快要结束的时候才渐入佳境。

课后,几位学员主动上前跟我交流。一位说:"课程很有冲击力,但我们与老师存在知识断层,跟不上。"一位说:"下午训练到第17个情绪时我才慢慢有些领悟今天的课程。"一位说:"课程确实很好,但太难了!"

教室后排一直坐着几位学院的老师,坚持听了一天课,也纷纷与我交流。老师们从专业的角度评价课程"很震撼""有冲击力""方式很新鲜",也提些建议:"课程内容太多,要砍,也偏难,给学员研讨的时间不够充分。"其中一位老师说:"我听得一丝一毫无法走神,完全被吸引住,但确实太累了!"另一位老师说:"这么有冲击力的课程,这么有内涵的内容,课后我却发现,我依然不会化解类似的难题啊!"我陷入沉思。

我给自己这次的授课打6分(每次我都在课后给自己打分,这是我历史上自我评价最低的两次之一,另有一次打5分是在大庆油田给结算人员讲授思维创新课程),我知道这种感觉会令我不爽很多年。我再次反省:这次给学员训练时间不够,内容偏多,难度偏大,并且我的引导存在递进过快的问题。老毛病真顽固啊!

不久,班主任发来一封邮件:"课程信息量大,使学员对人、对事的看待有了新的角度,形成较大的冲击和震撼。课程中使用的案例能够使人产生共情,并促使自己产生反思;激发了对NLP、教练技术的兴趣,看到了自己在与他人沟通时的不足和情绪化解能力的不足。建议：对课程内容进行聚焦和删减，开场运用游戏或提问调动起学员积极性，做好课程铺垫，对管理知识点的艰深之处需要辅以案例或互动来增强学员的理解，PPT要满足学员可视化的要求来推动课程的进度，并在过程中加以促动。"

最后的反省：所谓挫败，是要给事情画上句号的时候才用得上的词。如果不打算结束，还要玩下去的话，那就只当这一切是中途的信息反馈好了。NLP有一条假设："没有挫败，只有信息回应。"用在这里最合适不过。

借此回首2015年的历程，自己在培训的道路上艰难地、愉快地、孤独地跋涉，立志于精研国企中高层管理者的培训，期间许多成功、喜悦都在淡去，反倒是这一次的经历，给我许多反省，激励我在培训的道路上继续摸索着前行。

> **结语**
>
> "依您看，当前培训存在的最严重问题是什么？"一句提问，引发我获得大家认同的回答："仅就课程而言，有三个：一是题目太大，不是一般的大，而是太大；二是内容太多，不是一般的多，而是太多；三是训练得太少，不是一般的少，而是太少。"貌似认识深刻！可我自己却一而再、再而三地没有做到！三次反思，或许不是终点。人，多半要与自己的毛病奋斗一辈子。同时，这件事还说明：好的提问并不单独成立，问到对方痛点的提问，才会成为精彩提问——而那痛点，便是他经历中沉淀下来的重要难题。

谁最应该接受培训

一次，与一位年轻的同行有一段对话。

年轻的同行问:"您认为当前企业中,最需要培训的群体是哪些人?"
我说:"中高层的人。"
年轻人惊讶地问:"可他们有很多是高学历的人呀?"
我说:"是的,包括他们当中那些高学历的硕士、博士。"
年轻人补充道:"而且他们当中,很多人的能力是很强的。"
我说:"这与能力无关。"
他又问:"可为什么他们是最需要培训的群体呢?"
我说:"因为他们的所作所为往往决定着底层人的命运。"
年轻人又问:"那么,对他们来讲,培训的重点是什么呢?"
我说:"思维方式。"
年轻人有些吃惊:"为什么是思维方式?"
我说:"因为思维方式是最活的知识,背后全部是价值观。"
年轻人继续强调:"可他们有些人能力很强,能成事。"
我问:"你指的是做什么样事情的能力?能成什么样的事?"
年轻人若有所思,无语。
很多时候,提问要比解释更有力。

> **结语**
>
> 提问与反问同时出现在一个故事里,会很有趣。当一个人一再强调某人"能力强、能成事"的时候,你突然问道:"你指的是做什么样事情的能力?能成什么样的事?"会非常有力。这两句看似是很具体的情景下的发问,只能用在很单一的对话范畴里。但其实,这两句却是在问最终的目标、最想要的成果。凡是指向目标与成果的,都会是异常有力的提问。

拒绝的正确意义

一次,我要帮助一位陷入心智纠结的晚辈亲属。

她很"聪明"地觉察到什么,还没等我说什么,就拒绝了。

我很惊讶,同时不解。

后来我想:"人凭直觉拒绝什么,恰好说明内心需要什么。那代表不能愈合或刚刚愈合的创伤很怕那些准确地直达内心的触动。其实那是学习的机会,而拒绝的意义就是不给自己学习的机会。但假如事后能够认识到这一点,正是拒绝的正面意义。"

同时我认识到:主动"帮助"他人,是大有问题的初衷。这时候我才理解"雪中送炭"这句成语,凝聚了古人怎样的人生智慧。至少我们要像西方人那样总要先问一句:"你需要帮助吗?"这体现着对人的尊重。

进而我反思到:舒适的环境、友好的气氛、陌生的面孔、昂贵的费用、多次的往返,或许是教练乃至治疗的重要组成部分。

后来,我的做法是:能讲故事的时候,不讲道理;能提问题的时候,不说答案;能拿自己说事的时候,不涉及对方。

> **结语**
>
> "你需要帮助吗?"何其中正的一句提问。这句话也可以这样说:"我能为你做些什么?"让对方做选择,他才会成为自己的主宰。在中国式的家庭教育中,常出现干涉到子女选择的自由,这是大失败。子女们只能在选择中学会选择,家长们除了悲悯地观望,可做的事情并不多。朋友、同事相处,大体也是如此。

可怕的高度一致

一位同行问:"搞了这么多年培训,你最不理解的、感到困惑的现象是什么?"

我说:"是学员、企业、培训机构、老师,对培训的误解都很深,并且这些误解竟然高度一致。"

他有些诧异，问："您是指哪些方面呢？"

我淡定地说："几乎所有方面，这才是最可怕的。"

他神情上有些不以为然，问："比如？"

我说："比如？很多呀，比如他们都笼统地以为培训的效果主要取决于课后学员们的反映，比如大家都以为请一位名师就是好设计，或都以为培训计划很重要等等。"

他吃惊了，说："难道不是吗？"

我说："难道是吗？假如一个小孩子不顾蛀牙、总爱吃糖果，那么家长、老师就都主张给孩子吃糖果？然后请一位名师教给孩子如何吃尽世界各种糖果？最后给孩子编制全年吃糖果计划？"

这比喻并不恰当，但在对话的场合却很容易让对方听懂你的本意。

我经常这样问自己：我应该在推动企业内部课程研发上做些什么？我应该在推动行动学习上做些什么？我擅长做什么？我该怎样开始？第一步做什么？接下来做什么？于是我会成为什么样的人？

> **结语**
>
> 能讲一个故事，就绝不讲一番道理。能打一个比喻，就不平铺直叙地阐述。如果过程中能够佐以提问，会异常有效。我见过太多想要改变、同时觉得改变很难的国企培训工作者。觉得改变很难，这是绝大部分人的心理障碍和限制性信念。这时候有力的发问是："您之前觉得做这样的改变是很困难的，那么我们反过来想一下，不改变您又能保住什么？如果您做出了改变，会损失什么更重要的东西吗？"

宗教般的态度

一次课后，与一位学员有一段有趣的对话。

学员问:"老师,您是不是信仰佛教?"

我说:"为什么这么问呢?"

学员解释说:"您慈悲的样子,很像!"

我加重了语气,看着他的眼睛说:"我喜欢'像'这个感觉,这要比'是'对我更有意义,让我更感觉到舒服。"

学员执着地问:"您信仰什么宗教?"

我说:"为什么若有信仰,就一定是宗教?我有信仰,但没有宗教信仰。"

学员又问:"那您怎么看宗教信仰?"

我说:"虽然我没有宗教信仰,但我对宗教有一种宗教般的态度:那就是无论什么宗教,最好的宗教姿态是懂得轻松地、哲学地、艺术地、平凡地去生活,甘于节俭,悦于寂寞,痴于思考。好的宗教是让人更有智慧、懂得爱,而不是陷入刻板的形式。"

学员敏感地问:"您看到有什么不对的地方了吗?"

我说:"是的,比如一个仪式性的动作吧,前人在发明这些动作的时候、做这些动作的时候,心情是怎样的?我们后人无从知晓,那么这样的动作千百年来沿袭下来又有什么意义呢?"

学员说:"您讲得很深刻,特别是您讲的'宗教般的态度'。"

我的反思:我是这样生活的吗?我自己该怎样才能做到?这应该是一辈子的事情,但必须每天都要实实在在地取得一点点成果。

结语

"为什么这么问呢?"这样的反问,会使自己从对方那里得到进一步的事实。如果对方称赞你的一个见解,"我是这样生活的吗?我自己该怎样才能做到?"这两句自问,则会使自己进入深度反思的状态,学习进入知行合一模式。在对话中各自拿到不同的价值,是对话的意义。

韩老师有些紧张

一天，韩老师在微信里说："过一段时间，大庆油田人才开发院让我上讲台，培训其他引导师。我感觉不自信，有点紧张。"

我说："你要放松自己，就像到野外游玩一样，对环境保持好奇。记住三点：1. 每堂课的题目要小而准；2. 每堂课的内容要少而精；3. 每堂课的训练要多而实。"

他马上说："啊，您的建议真落地呀！"

其实，我能够马上给出落地的建议，完全来自于自己在实践中犯过的错误。并且我看到，这几乎是所有培训师都曾犯过的错误。

可惜的是很少有培训师，能够意识到这一点或意识到之后愿意去改正这样的错误。他们意识中的认知，大抵以为灌输就是培训；他们潜意识中的深层动机，无非还是炫耀知识的成分居多——这是人性，其次还有讨好学员的成分——包括过程中取悦自己。

对知识工作者来讲，后天学到的知识必须通过训练才能成为自己的本事。这样的本事，如果不能在课堂上通过训练拿到，则很难指望学员在课上仅通过聆听就能够拿到，也很难指望多数学员课后通过自我训练拿到。

真正负责任的培训师，他只会考虑：我准备在这一堂课上，让学员们能够使出和拿到些什么本事？

荷兰教育格言说："学生有提问的权利，老师却没有直接告知的权利。"对每一名中高层管理者来说，在课堂上他不仅是学员，更是老师。相对于培训师的知识输入而言，学员们针对工作难题、动用个人经历、相互联结经验并重构共享意义的威力更大。

荀子讲："师者，传道授业解惑者也。"所谓道，就是真理。听到知识,算是知道;关联经验,算是悟道;付诸实践,才是行道。学员将每一堂课都落脚到制定行动计划书,则是行道的开端。在一堂课上,究竟能使多少学员达到知道、悟道、行道的开端?考验的是培训师的真本事。

> **结语**
>
> "我准备在这一堂课上,让学员们能够使出和拿到些什么本事?"这句问话,要比"我准备在这一堂课上,让学员们能够拿到些什么知识?"更令师者心生畏惧。可是,难道师者还需要犹豫自己的选择吗?正确的选择固然艰难,但一定要朝着这个方向努力!

你想说服谁?

在微信中的培训圈子里,经常会发生一些探讨性对话。

一次,我问段老师:"说服一个人很难,是这样吗?"

他说:"是的。但说服自己相对容易,由此影响一个人才会容易,第一要件是先说服自己。将'说服'这个词改为'影响',你感觉如何?"

我说:"感觉非常好!这其中的原理是什么呢?"

段老师:"一个人不能控制另外一个人。"

我们经常这样探讨 NLP。

在课堂上,我经常讲到 NLP:"一个或若干假设之上,可以构建一门学问。NLP 正是这样一门学问,其理论与技巧全部建筑在若干假设的基础之上。学习 NLP 的人,无须绝对接受这些假设,只要暂时假定这些假设成立,并且以这个假定的态度去看世界、去处理工作和生活中需要面对的种种问题,然后用产生的效果去让自己决定下次是否应该继续采用这样的假设。"

经常有学员会问:"这不是唯心的吗?"

我会说："那又怎样？现在的科学让我们知道，精神本就是物质的。无论怎样，你想要什么样的效果，这一点是否才是最重要的？如果你假定一个人不能控制另外一个人，同时以这样的态度去生活，那么以前你在沟通中遇到的难题，今后有多少还会是难题呢？每个人的价值观、方法论都是由其经历造就的，是一个独立的系统，都对他本人十分有效，因此每个人都不应强迫他人接受自己的这一套系统，对吗？"

学员又会问："对啊，那如何通过建立良好沟通解决问题呢？"

我会说："于是，我们会将解决问题的目光投向自己的系统，看看怎样改变一下，才能使得他人接受自己？或者，看清楚对方系统中的价值观，创造出新的价值去吸引对方，去'修改'对方的价值观，从而使对方产生推动自己的行为。"

一次，一位管理者对我抱怨难以教导下属。

我说："一个人可以不需要教导另一个人，而只需要引导对方去学习。如果能够避免直接去触碰或触犯对方的价值观，就可以避免造成情绪对立、使要做的要紧事情搁浅。"

他问："那应该怎样做呢？"

我说："在沟通中，尤其不能要求对方放弃自己的一整套价值观，而去接受另外一套。这无异于要从系统上、精神上否定甚至是杀死对方。好的动机只给一个人去做某一件事情的原因，去获取新的价值。不强迫对方接受自己的一套价值观，对方便不会抗拒。如果我们不抗拒改变自己，他人便无法抗拒我们的推动和影响。"

他又问："这说明什么？"

我说："这便是人与人关系的实质。"

他笑着说："相忘于江湖？"

我说："不尽然。但那样不好吗？至少与相濡以沫比较？"

他探究地问："所有人的关系都是这样的吗？这是真理吗？"

我说："NLP不是追求'真相'或'真理'的学问，NLP只是聚焦在效果上，追求三赢的局面：我赢、对方赢、大家赢。NLP不拒绝或否定'绝对'的存在，只是不去花费时间去寻找或证明。因为，'绝对'只关乎超越每一次，把焦点放在每一次、很多次上面，而使我们忘记或忽视了当下这一次。'绝对'意识，无法使我们活在当下。"

他点点头。

我又补充一句："毕竟，生命全部由那每一次当下构成。"

我反思：如果你是新的，他人便无法维持旧的。

> **结语**
>
> 著名的"薛定谔的猫"，既是死的，同时又是活的。量子理论认为，宇宙间一切物质都是叠加态，人的观察一旦介入，意识便会改变它存在的形态。"啊？这是真的吗？"一定会有很多人惊问。可是，"假如这是真的呢？"正是由于有了这样的"假如"思维，很多影响甚至彻底改变人类生活的重大发明创造正在或即将大量涌现。

舒　服

与同行在微信里聊天，谈到快乐培训这个话题。

同行说："学习过程中，培训师是要让学员感受到舒服的、快乐的，对吗？"

我说："刚好，我昨晚看电视，介绍杨雪兰，她是美国通用汽车公司历史上唯一的一位华人副总裁，其母亲110岁仍健在。她说她的母亲每天穿旗袍、高跟鞋，吃红烧肉，每天能连续打8个小时麻将。老母亲刚刚口述出版了一部家族史。杨雪兰的继父是顾维钧，亲父是民国外交家杨光泩，驻菲律宾总领事，后被日军杀害。"

同行说:"告诉我,她做了什么?"

我说:"杨女士今年80岁,致力于中美文化交流。节目中,她讲了4个C,很有意思!其中就有你刚才讲的'舒服'。"

同行说:"哪4个C?"

我说:"4个英文单词打头字母都是C:(有)能力、(做人足以使人产生信任感的)素质、(能致力于做出)贡献、(使人感觉到)舒服。"

同行说:"你怎么看?"

我说:"我以为这是从实践中总结出来的至理箴言。快乐培训,这概念不错。但我想,学习,是要让人慢慢在心里体会到舒服的,然后越来越舒服。但也不要太追求舒服,因为开始就可能是不舒服的,甚至是痛苦。"

同行问:"为什么?"

我说:"因为学习意味着改变,毕竟很难。我更愿意这样去理解我们这个行业,态度要让人舒服,过程要让人深入。你觉得呢?"

同行说:"你这样的回应,很让人舒服。"

> **结语** 如何回应提问?可以用"刚好""我听说"这样的词句开头,然后讲一个故事。由故事回到话题,还需要先肯定对方,再引导对方。"因为学习意味着改变,毕竟很难。我更愿意这样去理解我们这个行业,态度要让人舒服,过程要让人深入。你觉得呢?"最后拿这样得出的结论去征求对方的意见,对方才会感觉舒服。

真相与假设

一次,那位曾经拒绝我帮助的晚辈对我说:"我不用问,却往往知道那隐藏的真相。后来事实证明,我的感知是对的。"

她指的显然是一些不好的事情。

我看着她的眼睛，沉静地问："为此你很满意吗？"

她沉默了，神情顿时黯然。

此刻，我感受到这句问话在她身心系统中产生的效果。

我便同她一起沉默着，是想让这种效果在她的系统中漫延一会儿。

良久，我沉静地问："所以，往往真相并不重要。对吗？"

她静默着，微微地点点头。

我接着问："重要的是你假设它是什么，或许就会如愿发生。对吗？"

她用力地点点头。

那一瞬间，我相信她的悟性。

> **结语**
>
> "为此你很满意吗？"在那个时刻，这句问话异常有力。在一段有价值的沉默之后："所以，往往真相并不重要。对吗？"这句发问又恰到好处。"重要的是你假设它是什么，或许就会如愿发生。对吗？"让对方做选择。发问中的引导力量，有时真的很强大。但是，没有哪一句问话是不分场合与时机地应用都会取得好效果的。要捕捉对方的即时反应，跟随其念头，把握发问火候，拿捏语言、语气、神态的分寸，灵活运用提问技巧，才会有好的效果。好的提问并不单独成立，必须配合以对方的深度聆听。

一首既热又冷的词

即将50岁的时候，我调到北京工作。

一天晚上睡不着，便给自己填写了一首词《念奴娇·五十将至》：

"二十三年，今出落，特立独行约绰。往事高举，有人赞，可怜身后蹉跎。众皆知过，无关行止，却向光明说。愈往深行，直疑夙愿失措。

夜半忽醒何处，知是千里外，老母当安，妻应如昨。夜静时，同情月光寂寞。天命将至，尚怀少年心，吾仍往矣！前途莫问，天涯同此凉热。"

我将这首词在微信里发给一位过去的同事看，这位同事说："好冷，怎么这么冷，这首词让我发冷！"

第二天，我们见面，谈到这首词。

他又说："你是怎样填的那首词呢？让人发冷。"

我说："其实，这是一首让我心理与身体都会微微发热的词。"

他吃惊地问："怎么会是这样？"

我说："不同的人，对同一样事物，会有不同的反应。而这反应，取决于每个人不同的人生经验。这经验沉淀下来，便成为价值观。所以，当事物呈现于眼前的时候，保持中正地觉察最是重要。你觉得呢？"

他一时无语。

我说："问问自己看，是什么让你觉得冷呢？"

他抬头向左前方看了一会儿，有些落寞地说："是的，您说的对，让我感觉发冷的是我自己过往经历中的一些相同画面。"

结语

"问问自己看，是什么让你觉得冷呢？"将这句发问中一个"冷"字换做任意场合对方语句中的一个关键词，然后问将过去——譬如"是什么让你觉得重要呢？""是什么让你觉得无聊呢？""是什么让你觉得振奋呢？"这当中的"重要"、"无聊"、"振奋"，须是对方话语当中的关键词，这样的发问便一定会得到对方或感性或理性的深度回应。"他抬头向左前方看了一会儿"，左前方代表过去，其中有真实的画面。"是的，您说的对，让我感觉发冷的是我自己过往经历中的一些相同画面。"相同的画面，不同的体验，这便是人生的趣味所在。

假设没有完美的沟通

一次,我正与段老师在聊 NLP,王老师进来了。

于是,我与王老师有一段关于沟通的对话。

我:"听说你提拔到新的岗位了?"

王老师:"已经一年多了,在做网络学院。"

我:"如果满分是一百分,你给自己这一年多的工作打多少分?"

王老师:"70 分吧。"

我:"那么,缺少的那 30 分,差在哪里呢?"

王老师:"我们的想法很好,可是,人力、财力、物力不到位。"

我:"也就是说,除去客观因素,你给自己打满分?"

王老师:"那倒不是……"

我:"那么属于你个人的那部分因素,差在哪里?"

王老师:"我不善于与领导沟通。"

我:"为什么呢?"

王老师:"也许因为我有一点口吃吧。"

我:"你觉得我的沟通能力怎样?"

王老师:"很好啊!"

我:"其实我也口吃呢!"

王老师:"一点都没有发觉您口吃啊?"

我:"那是后来练的。我在大学时期的学长,是演讲冠军,可他也是口吃的,很严重。我跟他学到,讲话要心里有话,然后不考虑口吃这件事情,只像清风、流水一样,轻松地流淌出来。他告诉我,轻松的时候最有思路。他还很擅长体育,是我们系的跳远冠军,他说,人体在柔软的时候才最有力量。"

王老师:"除了口吃,我想我少于沟通还因为懒惰。"

我:"如果每一次沟通都成功了呢?你还会懒惰吗?"

王老师:"那就不会。"

我:"可见不是因为懒惰,那是因为什么?"

王老师:"因为不成功。"

我:"如何定义沟通成功或不成功?你内心怎样期待沟通的结果?其实,没有哪一次沟通会是完美的。如果你接受每一次沟通的不完美,你会觉察到什么?"

王老师:"会接受自己,会带着轻松的心情去沟通,会总结经验,会在沟通中学会沟通。"

我:"我相信你。"

王老师:"我懂了,谢谢!"

我:"你记住了哪一句?"

王老师:"您刚才说'没有完美的沟通',对我的冲击比较大。这句话让我很放松,能够接受自己。"

我的反思:接受自己,才会接受世界。

> **结语**
>
> "如果满分是一百分,你给自己这一年多的工作打多少分?"这是运用平衡轮圈寻找话题。"也就是说,除去客观因素,你给自己打满分?"这句在促动对方反思。"那么属于你个人的那部分因素,差在哪里?"引出口吃这件事。"其实我也口吃呢!"由此闲话到大学时期的学哥、演讲冠军、跳远冠军,忽然蹦出"柔软的时候才最有力量"这句类似格言的话。"如果每一次沟通都成功了呢?你还会懒惰吗?""如何定义沟通成功或不成功?你内心怎样期待沟通的结果?"这两句提问是开胃小菜。"其实,没有哪一次沟通会是完美的。"这句话放在中间,是起到暗示和催眠的作用。"如果你接受每一次沟通的不完美,你会觉察到什么?"这句才是正餐,其中运用了假设思维。放松,才会倾听;肯定,才会接受。如果能够接受自己,便能接受世界。

感悟生命

有一天早上,段老师在微信里说:"今早浇花时顺手摘下几片枯萎已久的叶子。我在想,花草树木的根扎在泥土里,枝叶则努力向上寻找阳光。人也如此,那泥土是生活,那阳光是正道。"

段老师在感悟生命的成长。

我回应:"生命是一种轮回。我在一切美好的事物中,总能找到我的爸爸。爸爸那欣喜的样子甚至他身体的微量元素,都隐含在这些美好的事物中,我感受得到也看得到。所以,每逢美好的事物——特别是景色,因为我的爸爸热爱大自然——我都会因这样的相逢而悲喜交集、流下泪水。"

段老师说:"我相信那种感觉一定很好!对吗?"

我说:"是的!"

我的反思:回应其实是在告诉对方自己的经历,那些经历昭示着生命的能量;如果自己能够以积极的能量回应对方,那么对方得到的就会是积极的能量,并将以同样的方式回馈给自己或更多的人。

善待对方,就是善待自己。

> **结语** 如果一个人对你表达了他的看法,然后用"对吗?"收束,你感受到的便会是尊重以及被尊重后自己面临的选择。"对吗?"这是最简单、也是最温暖的一句提问。

幸福问答

2015年11月,一位朋友在微信里与我有一段关于幸福的问答。

朋友:"怎样才能拥有感受幸福的能力?"

我："为什么会问这个问题？"

朋友："跟自己相处遇到一些问题，请给我一些具体的建议吧。"

我："1. 去亲手创造幸福。2. 让他人领受你的价值。3. 静下来，聆听自己的内心。4. 给自己时间去旅行（不去旅行的话，就在家附近找个地方休闲一下也好，比如夏天去采蘑菇、冬天去滑冰）。5. 写东西，随便诗啊、小说啊、散文啊，给自己和亲友们看（以不求发表的心态去写）。6. 继续跟我交朋友。7. 试着对爱人说：你对我很重要！谢谢你以前对我做的一切！8. 到公司，看看谁顺眼，就顺口夸奖他（她）：'你今天看上去蛮精神的，我一直都很注意到你呢！' 9. 看一场几十年前的老电影，借此回想童年的那些乐趣。10. 下雪的时候，趴在窗户上一片一片地数雪花。11. 读一首《诗经》中的爱情诗，慢慢地吟唱几遍。12. 翻翻老相册，从过去一张张地翻到现在。13. 找几个好友，到我们常去的咖啡屋坐一下午，那里有音乐，也有很不错的书。14. 去图书馆找一本历代精品瓷器的画册看。15. 打开电视，收看《人与自然》这个节目。16. 犒劳给自己一顿美餐。"

朋友："够具体，也够多，我要实行一阵子。"

我："感受幸福其实很简单，总归一句话：心生感恩，奉献他人，同时做一些能够取悦自己的小事情。"

> **结语**
>
> "怎样才能拥有感受幸福的能力？"这是一个好问题，却一时很难让人回答。能够问出这样一个问题，说明对方遇到了困难。如果能够给出极其具体的建议，才能既不辜负这么好的一个问题，又能够帮助到对方解决问题。因此，回应一个好问题要具体、具体、再具体。
>
> 但假如对方问："我为什么感受不到幸福？"你就需要先转化对方的问题："你是问，怎样才能拥有感受幸福的能力？对吗？"通常，将问话中的"为什么"转换成"怎样才能"或"是什么"，会有效消除对方的畏难或抵触情绪。例如在对话中"你为什么迟到？"转换成"是什么原因使您迟到？"效果要好得多。

哭泣的小兰

一天，小兰在微信里对我说："您知道吗？我此刻在流泪。天下一切都是利益驱动，还有意义吗？"我说："这不奇怪。司马迁早就说过：'天下熙熙，皆为利来；天下攘攘，皆为利往。'但又能怎样？我们还是要有追求，这不是意义吗？"

接下来，便发生一段小兰提问我来回应的对话。

问："可是为什么会是这样呢？为什么一定是这样呢？"

答："这就是人性与世情。但勇敢的人选择往前走。司马迁就是这样的人，虽然他早看透了人性与世情。即便是汉武帝这样有作为的帝王，也给司马迁造成了极大的伤害。"

问："为什么我做的，真的反被诬陷成假的！他们做的，假的反被大众评判是对的？"

答："真的于是变成假的了吗？假的于是变成真的了吗？还有，你如何证明你的这些判断？"

问："比如人家不看你做事的意义呀？"

答："如果是这样，这不正是你存在的特殊意义吗？如果你选择常人的生活，很容易被常人理解，那独特的意义便消失了。"

问："可是，我再也没有了从前的力气，我救赎不了自己，拯救不了自己！我该怎么办？"

答："你必须自己解决自己的问题。人必先拯救自己，才会有能力去拯救他人。"

问："可是凭我一己微力，有意义吗？我平凡低微，为什么要承担一种看不见的责任？"

答："有意义。意义不在于被多少人承认，也不在于取得成功之大小，意义本身就是意义，原不靠这些外在的东西来衡量。只有以常人不能理解的方式，才能得到常人不能得到的意义。"

问："您的话，让我理解和接纳了我自己。您在肯定我？"

答："是的，因为你值得被肯定。有位修女说：'即使把你最好的东西给了这个世界，也许这些东西永远都不够，但不管怎样，你还是要把你最好的东西给这个世界。你看，说到底，它是你和上天之间的事而绝不是你和他人之间的事。'"

问："可是，为什么我们这样的人却不被大多数人所容纳？"

答："我们？你怎知道我也不被大多数人所容纳？你又怎么判断你不被大多数人所容纳？那个修女说的'上天'，就是中国人所说的'道'。我们为'道'而感恩。因为'道'在高处，多数人只是平视或下视。当下困扰你的事情，站在高空下望，永远是小事情。"

问："没有人相信，我做事首先考虑的不是为自己，而是为一种意义，那怎么办？"

答："你今天的情绪状态，正说明你需要从中学习一些东西，情绪很真实地反映了这种需求。或者说，你需要做出一些积极的改变。你要记住两句话：'那又能怎样？我还是要做我自己。''如果这样的事情不是由我去做，那又会是谁呢？'你好好体会一下。"

问："嗯，有触动。可为什么我反而失去了从前的无畏和简单？"

答："说明只是无畏和简单还不够，还要有方法。"

问："还是因为我被现实击倒了？或者说我开始变得现实了？也开始追求常人的生活？或者我的目标错了？"

答："常人的生活哪里不够好？不，你的目标没有错，但方法需要改进。说明你实现目标的方法已经不够用了。这正是你需要做出改变的地方。"

问："而且我甚至陷入了写作的枯竭期，下笔有些茫然，我不知道是什么勒住了我？"

答："写作的灵感，来自于对事物的爱。爱没了，灵感何在？写作的人，其实是正在爱着的人。"

问："那怎么办？"

答："重新去爱。"

问："我今生不会了！我还能找回爱？"

答："说不能，就会不能。这由你决定。"

问："我决定不了！这个世界太现实了！还有美丽吗？我真希望自己傻点，像从前一样只看见美丽，我还能吗？"

答："你可以决定。这世界什么都有，就看你想要什么了。"

问："可是我却被所有人否定，为什么？"

答："所有人？包括你的读者？想想看，有谁肯定过你？"

问："忽然明白似乎只是身边的人在否定，可为什么？"

答："因为'仆从眼中无英雄'。他们每天都能看到你，看到你的所有外在，而往往看不到你的内心。"

问："我刚才忘了读者，我把心神放在身边的琐碎上了？"

答："是的。读者，你的意义在读者那里。这是一个写者的意义。此生你更适合做一位写者。能把这件事情做好，就不容易了。人只应该做擅长的且喜欢的事情。"

问："可是，这很难啊？"

答："什么样有价值的事情不难？正是难，提升了意义。"

问："为什么难的事情反而不被理解和看见？然后大家拼命扼杀？"

答："那是人们在启动自我保护机制，这很正常。多数人在平视或下视，有价值的事情需要仰望，往往人们也做不来。"

问："我可以吗？"

答："你可以。从承认自己可以开始。"

问："可我不想在单位这个群体中改变自己，那岂不等于我向世俗妥协？"

答："为什么改变自己还要分场合？你究竟是为谁而改变自己？为什么改变自己就是妥协？你是怎样做出这种联系的？我们只向真理低头。妥协哪里不好？真正的忍、妥协，并不痛。而是开心的。因为智慧是让人开心的。成长也是让人开心的。"

问："八面玲珑、阿谀奉承、顺情顺意说好话，这些为什么最有效？"

答："八面玲珑、阿谀奉承、顺情顺意说好话，这些都是负面用词，这就是你的问题所在。你把这些负面的用词，转换成正面的词汇，会是什么？想出来了吗？好，然后去努力拥有。这就是方法。"

问："那么，在您眼里就没有您不屑的、厌恶的人吗？"

答："有，不屑的、厌恶的人，但我能把他们放在很多事物中远观或从高空下望。所以并不恨。我只有怜悯和同情。我知道这些人是因为缺少某些经历，所以在大脑中无法构建未来那与经历相似的部分。"

问："什么？我没听懂？"

答："好比你从没有吃过糖，所以你以为别人所谓的甜蜜皆是谎言。于是，你会怀疑甚至敌视所有说自己吃过糖的人。"

问："我现在特别想知道，一个人活着的意义到底是什么？"

答："人活着的意义，没有最高标准，这要他（她）自己决定这份意义。每个人都必须做出决定。但最低意义是有标准的，那就是要有底线，比如不能犯法。"

问："那对您来说呢？"

答："做很难的、有价值的事情。"

问："做最难的事？我的纠结就在此，为什么一定要做最难的事？"

答："'甚难稀有之事'，这话是佛陀讲的，这也是我要的意义。"

问："我想放弃身边这些纷争，离开这不公平的环境，我要放下这些，可以吗？"

答："你放下的，同时还有成长的机会。你逃避了这个机会。不过，你有做出这个选择的权利。但你要回答，你所说的不公平的环境，是谁定义的？应该由谁来定义？如何正确地定义？你可以不用回答，要好好想想。即使是不公平的环境，又能怎样？我们还是要做事，还是要追求公平。"

问："那么我不放下？"

答："你可以暂时放下，但不要以为这样就天下太平了。你的问题并没有解决。你仍然需要这样的机会去成长。"

> **结语**
>
> "那又能怎样？"在艰难的会话中，这句问话如果连续说上三次会非常有力量，对方就会受到震撼，只说一次是不会有效果的。"如果这样的事情不是由你去做，那又会是谁呢？"这句问话只要找准时机说上一次，对方会油然而生强烈的使命感。"什么样有价值的事情不难？"这句提问会重新点燃对方的激情。"你究竟是为谁而改变自己？"这句问话会使对方陷入深深的思考。"为什么改变自己就是妥协？如果能够有效解决问题，妥协哪里不够好？"这句问话会催生人的韧性，使对方懂得，柔软的人才最有力量。
>
> 此际有力的提问还有："您从失败中学到了什么？""如果您成功了，可能就失去了学习什么的机会？""什么样的世界会让您满怀欣喜和期待？""您觉得您给这样的世界留下什么礼物才是最棒的？""您每天正在接受着谁的服务？""您想为谁服务？用什么方式？""您最想改变哪类人群的生存现状？""您认为什么才是真正的成就？"

小兰又哭了，但……

第二天，小兰在微信里说："昨天效果很好，可以静静写稿子了，但心里还有怨恨，做不到无视现在不喜欢的环境。"我说："那好，你纵向摆上三把椅子吧。"于是，千里之外，我开始在手机微信里引导小兰。

我："坐上第一把椅子，想象一下，眼前是电影屏幕。"

我："然后，你想象一下，眼前展现出你怨恨的画面，画面中有你、有你怨恨的人，还有事，在一幕幕地上演。"

我："画面集中在最为关键也就是使你怨恨的地方，然后反复播放这一段。"

我："然后，给电影取个名字。告诉我，电影的名字。"

小兰："片名叫《恨》。"

我："好，现在，你想象一下，你看到的电影画面，突然抖动起来了，雪花很多，使你看不清楚了，并且距离越来越远。"

我："现在告诉我，你的感觉是什么？恨的感觉有变化吗？"

小兰："有变化，我流泪了！感觉是过去的事情了。但是我的现在一直在受到过去的影响，找不回原来更好的自己了。"

我："好的，现在你坐在后面的第二把椅子上。你现在开始从头看这部电影，同时你发现，这里原来是一个电影院。电影从头开始播放，你看到前面的那把椅子上，坐的是小兰，而你现在坐在第二把椅子上，是另外一个人，你现在就是另外一个人。"

我："好，你看着第一把椅子上的人，这个人在看关于自己的电影，感受一下那个人和那个电影，然后告诉我，你的感觉？"

小兰："最开始我看到的是电影里每天匆忙的、充满怨气的、自卑的、不合群的小兰，让我再看第一把椅子上的人，感觉是麻木的、冷漠的、傻傻的样子。"

我："好，现在请你给电影取个片名。"

小兰："《往事》《悔》《生命的印记》，三个名字可以吗？"

我："好的，当然可以。现在，你坐在第三把椅子上。听着，你是放映员，整个电影院只有两位观众，第一排的人，叫小兰，第二排的人，不知道叫什么名字。"

我："好了吗？现在开始从头播放这部电影，电影胶片有点老旧，有雪花、还抖动，但你坚持看完了。"

我:"好了,现在,你作为放映员,给电影取个名字吧。"

小兰:"《人生的故事》。"

我:"告诉我,放映员此时对小兰的感觉?"

小兰:"小兰是个好人,不容易,但是一直葆有本色。"

我:"现在告诉我,从第二个观众和放映员的角度会认为,小兰需要学习什么?"

小兰:"需要学习放下、忘记,她的性格造成了她的境遇。"

我:"具体点的?"

小兰:"去学习爱和感恩,还有宽容。"

我:"好,现在回到你自己,你会接受这样的建议吗?"

小兰:"可以,但是爱、感恩和宽容,会让自己更加卑微,我努力过。似乎很难做到。我现在这里环境乱,不能专注地坐在三把椅子上按您的要求去想象。"

我:"我知道,你现在感觉如何?"

小兰:"一直是想哭的感觉,感慨万千。"

我:"好了,今天我们是在微信里,缺少现场感,而且时间也有点短,你没有完全投入。"

小兰:"咦?我忽然觉得心底不那么有强烈的情绪了?为什么?"

我:"那现在是什么情绪?"

小兰:"有一点悲悯的情绪吧。"

我:"那就好。"

结语

三把椅子,制造了抽离。在每一把椅子上给电影取片名,是在不同的人生位置上为事件定义主题、同时赋予事件以意义。需要注意的是,在整合意义的过程中,"你的感觉是什么?""你认为那是什么?""你会给出什么建议?"这三句提问,放在同一个人身上使用,一定要配以不同的物理空间、地理位置和心理角色,才会有奇妙的作用。仿佛使一个人在一天的时间里,经历了沙漠、绿洲和星际旅行,集万千感受于一身,能够自我疗治创伤。

改变的方法

一位过去的年轻同事,在微信里与我有一段关于改变的对话。

她问:"为什么在别人没有及时回复我短信的时候,我会胡思乱想、会生气?"

我说:"那意味着你需要做出改变。"

她问:"我为什么要改变?我需要改变什么?"

我说:"人总应该是越变越好。改变意味着先痛后快,改变在碰触到价值观层面的时候会遇到强烈抵抗,不想做出改变的想法就来自这里!"

她问:"那我应该怎样改变?有什么方法?"

我说:"方法有很多。1. 为他人(父母或朋友)做点事情,从中体会照顾他人的乐趣。2. 当他人为自己做些事情的时候,试着说些感谢的话,从中体会感恩的情绪,感恩的情绪对自己有治疗作用。3. 增强自己的耐心,多找机会考验自己一下,比如去耐心地排队、跟别人耐心地解释一些事情,告诉自己'这很正常,要有耐心'。4. 多读书,你可以读一些心理学方面的书。5. 凡事先站在对方的角度看一看,然后想一想,假如你是对方,会有何感受?"

她又说:"我会按照这些方法去做的。现在我们这些年轻人常谈起您,我们更深入地体会到,当初您在做我们的领导时所注重的工作都是为了让我们每一个员工工作起来更加受人尊重,使年轻人能够更快地成长。可像您这样关注内在而非外在的领导现在越来越少了。"

我说:"当然少,因为每个人都是独一无二的。你说的对,我愿意看到年轻人成长。我们虽然只是一名普通的老师,但我们会影响到很多人,然后他们会再去影响更多的人,这不是很值得吗?"

她说:"希望您能影响更多的人。"

我说:"我们都会的。我喜欢获得这样的成就感!你不也是吗?"

她说：“我也是的。我要从改变自己开始，您说的那些改变自己的方法，我会试的！我相信自己能够做到。”

> **结语**
>
> 如果说到人们想做的一件事，哪怕很小，只要是善的，就可以用"这不是很值得吗？"收束，带去的会是一股涌动着善的期望。如果说到人们想要的一件成就，哪怕很小，只要是成就，就可以用"你不也是吗？"收束，带去的会是一股涌动着善的力量。在涉及改变的话题中，这样的提问也异常有力："您想有所改变的动力是来自于对现状的不满还是来自于对未来的追求？如果都有，来自于哪方面的动力更大一些呢？"

关于平衡轮圈和 V 字形理论

一次与同行聊天，段老师谈到平衡轮圈。他说这个工具他在培训中运用了 6 年，很有心得。

我说："平衡轮圈看似简单，但正因为简单，用好却很难。"

他问："您觉得哪里最为关键？"

我说："关键在于提问，好的提问才能导向深入。"

他又问："关于在管理层用到平衡轮圈，您能再给一些提醒吗？"

我说："1. 必须懂管理学，去读《卓有成效的管理者》，这本书极重要。2. 提问要灵活。3. 要利用学员们的智慧去制造问题，转换成提问。4. 关于平衡轮圈的经典提问要背下来 30 句。5. 将上次没有做好或不够深入之处记录下来，事后反复研究应对之法。"

一旁的洪老师说："每一条都很落地呀！"

段老师："您觉得什么样的提问才算是经典的提问呢？"

我："其实，很多我们常见的提问，都是经典的提问。比如：1. 从轮圈图中你注意到了什么？还有呢？2. 你过去是怎样看的？现在呢？3. 还可以怎样看？你不同意怎样看？为什么？4. 据你所知，那些成功的人是怎样做的？5. 如果请你考虑换一种看法，你会选择哪个？6. 你想马上处理哪个领域？还有呢？哪些部分太少？7. 有了什么改变这个领域会变成高分？还有呢？8. 这个领域得到改变之后，你会得到什么？有些什么好处？还有呢？9. 你做些什么这些改变就会出现？还有呢？10. 我如何知道你已经采取了这些行动？11. 哪个可以用做杠杆？付出很少的努力得到很大的不同？为什么？12. 假如行动计划获得成功，那为什么以前没有这样去做？还有呢？哪个是最重要的不利因素？13. 你如何保证这样的不利因素不会给今后的你带来麻烦？14. 我如何知道你已经取得了理想效果？15. 这些都做到之后，会使你成为什么样的人？"

段老师："这些提问的确是经典的提问，有些我也常用。"

我："我的体会，发问的角度还要灵活，要坚持'活在当下'的原则。其中的第 12 条、13 条，是我在运用 V 字形理论时创造的提问。"

张老师问："关于 V 字形理论，您有什么好的提问？"

我："V 字形理论的前半程：1. 当时发生了什么？2. 你看到或听到了什么？3. 你记住了哪一句话？哪一幅画面？4. 内心感受如何？5. 为什么会是这样的结果？6. 假如结果是另一种情况，那会是什么？7. 造成这样的结果，其中最为关键的因素是什么？还有呢？"

张老师："这是下切，后面的上堆呢？比较难。"

我："V 字形理论的后半程：1. 下次你会怎样做？2. 你会调整或修改哪里？3. 哪些改变最为重要？4. 如何从制度层面解决？5. 假设你是万能的，你将如何订立制度？其中第一条是什么？6. 新的方法论是什么？7. 创新的动力来自哪里？8. 这些与你的人生目标会产生什么样的关系？9. 最终会使你成为什么样的人？10. 你会有怎样的成就感？其核心是什么？11. 这是怎样的价值观？与过去有什么不同？12. 你是如何学到的？13. 你会怎样看待过去？这会使你的思维方式与心智模式发生怎样的改变？"

段老师："NLP 中的理解层次、时间线、感知位置，这三个工具组合起来会生成很多发问的内容。"

我:"是的,当初提出 V 字形理论的时候,还不知道这些。现在看,很多学问是相通的。我们的实践催生了 V 字形理论,还记得吧?我们的案例式教学总结会开到第 15 次的时候,我在白板上画出了 V 字形理论。还是那句老话,实践出真知。"

> **结语**
>
> 在提问类型中,唤醒潜意识的提问最为重要,例如:"您深信自己有什么才能?您认为上天会赋予您什么样的使命?"运用第三视角的提问往往使人越发清醒,例如:"熟悉您的人是如何评价您的呢?您最好的朋友是如何评价您的?"利用家族文化的提问异常触动人心,例如:"您的家族有什么传统?您的父母给过您哪些建议?"探究心愿的提问绝对不可省略,例如:"人生中您有什么想要经历的事情吗?"假设性提问,可以通过设置人生高线或极限赋予能量,例如:"假设您无所不能,您的梦想是什么?""假设您的生命只剩下一天,您最想做什么?""假设上天只允许您成功一次,您会做一件什么事情?"
>
> 归根结底,崇尚自己的实践,你就会与大师相遇。在实践中创造的发问,后来都在相关的书籍中看到。从这一点上来说,实践是最好的老师。

给自己当教练

学习西方的心理学,发现那里有很多好东西可以入课。比如积极的心理建设,我结合提问技术,借用并提炼出一些训练的步骤和方法。一次,我在微信里问几位老师:"我弄了一个关于思维方式与实践能力的练习,你们谁愿意做?但我感觉会挺难做的,很不容易坚持。"

洪老师说:"我报名!"

我说:"好的。认真练习要比当作知识来掌握更有价值。能坚持吗?"

洪老师说:"想做一个与孩子教育相关的,不易坚持也得坚持啊!教育是终生的。"

我说:"好吧。分几个步骤来做。今天开始做第一个步骤。每个步骤间隔几天或几周,由你来决定什么时候进入下一个步骤。好吗?"

洪老师说:"好的。"

我说:"总共6个步骤。每个步骤都由我来问几个问题,然后你通过实践来回答。第一个步骤的问题是:我一向压抑了自己什么?我应该压抑什么?我不应该压抑什么?我一向反感、否认、逃避或拒绝过什么?"

洪老师:"这些问题挺难啊!"

我说:"还没做怎么知道难?好好想想,一条一条地写下来,写在本子上,多写几条,越多越好,但也不要太多。"

洪老师问:"然后呢?"

我说:"然后好好看着写好的每一条,问问自己,写得准确吗?在心里不断地反复确认,可以用几天时间做这件事,可以删掉一些、修改一些、增加一些,过程中要仔细感受,最后按重要程度给排个顺序。"

洪老师有些好奇,又问:"然后呢?"

我说:"做好这些后,再通知我。但不用告诉我具体内容。做这个练习,必须每天做记录,才会有效。"

当天晚些时候,洪老师就告诉我:"已经完成了。找了一个专门的本子做练习。"

我说:"那么,请你打开本子,看着这些条款,在心里反复确认,然后深深地问自己,这些是否正是学习的机会呢?或者说,这些是否是你的潜意识向你发出的要你做出改变的信号呢?别急,慢慢想。"

洪老师沉默了一会儿,告诉我:"其中有些是。"

我说:"哪些是?划个钩,看看能打几个钩?"

洪老师:"有3个钩。"

我说："没有打钩的那些，也许是重点要解决的，问问自己，为什么打不了钩？是什么原因使你不能打钩？给自己充分的时间，几天都可以。实在打不了钩的，可以放一放，先解决那些划了钩的。问问自己，既然是学习的机会，我打算怎样抓住？"

过了两天，洪老师说："我转换了那些不能打钩的问题，都变成了正向的问题，现在都划了钩，也都制订了行动计划，但这个计划有点复杂，每一个问题都有很多方案，并且已经开始执行。我还给自己设置了奖励的标准，做得好的话，奖励自己。"

我说："好的，不急。质量第一。因为你的目的不是学习知识，而是解决问题，对吗？"

洪老师说："是的。"

我说："不怕时间久。相反，久了才更好。只要不放弃。"

洪老师说："打钩有点多了，6个，如果少选点就好了。"

我说："一切以真实性为主。不必考虑多少。"

过了几天，洪老师说："计划执行遇到困难了。"

我说："不必告诉我是什么样的困难，因为这正是我们要进行的下一个步骤。这第二个步骤，是对第一个步骤中做得不够好的地方，采用幽默的态度处理一下，然后看看会产生什么方法或效果？试试看？"

洪老师："幽默？自己幽默自己？"

我说："是的，聚焦于幽默的态度，深深地问自己，我如何用幽默的方式处理问题或暂时化解一下我的困窘呢？然后写下几个幽默的句子，给我看或不给我看都可以的，只要你自己满意。"

过了几天，洪老师说："那些幽默使我轻松和抽离了许多，并且找到一些轻松有趣的办法，但解决问题还不够。"

我说："好的，现在我们进入第三步骤。你想象一下优秀的人，或你眼中成功的人，熟悉的、认识的或虽不认识但听说过的，或书上写的成功人物，你深深地问一下自己，我如何通过认同以模仿他们的成功或至少沾上些勇气和喜气？"

这次过了很久，洪老师都没有动静。

当我在微信里问及，洪老师才歉意地说："没有坚持住！"

我说："你看，行动学习有多难？连我们老师为了自己的孩子都很难做到，何况学员为了工作呢？"

洪老师对我说："是啊，汗颜！更加理解做学员之难。不过我还是取得了一些成绩，小本子上记了很多，但不是很满意，因为新的困难又出现了。您一定有办法吧？"

我说："不是我有办法，是你有办法。我只能提问，你来解决。好吧，我们现在进入第四步骤，请你深深地问自己，我一直在内心里隐藏着什么样的强烈动机？我究竟擅长什么？我不擅长什么？我如何去做自己擅长的事情以弥补因不擅长的事情所造成的损失？我如何才能'失之东隅，收之桑榆'？我怎样才能用合理合法的方式，满足我内心原始的动机？"

洪老师问："是补偿自己吗？"

我说："是的，取自己之长，补自己之短。"

几天后，洪老师说："我想知道您还会问什么样的问题，因为这些问题使我发生了很大的改变，很神奇。"

我说："请你关注你要解决的问题，不要分心去想我要问什么。"

洪老师说："现在进入了前所未有的困难期，仿佛进入了一所殿堂前的台阶最高处，已经望见巍然屹立的殿堂，但有些不知所措。"

我说："好吧，现在进入第五步骤，请你深深地问一下自己的潜意识，我如何将自己的危险性本能升华为成功元素？"

洪老师问："是升华自己吗？"

我说："是的，将所有负面的能量全部转化为正面的能量。"

过了大概有两个月，洪老师才对我说要继续。

我说："好的，现在进入第六步骤，最后一个步骤，请你深深地问一下自己，我将如何通过利他来满足自己？"

洪老师问："是要为他人做贡献吗？"

我说："是的，聚焦于贡献。"

大概一个月之后，洪老师对我说："小本子记满了，但感觉自己还在路上，甚至刚刚上路，问题仍然很多，但感觉很充实。剩下的事情由我自己来做吧，我想我会教练自己了，我会每个阶段问自己这样一些问题的。"

我说："教练自己，也只是上路。"

洪老师又总结式地说："这是您前些年研究的知行式的培训吧，当时我们一起做试验班的时候，我就觉得收获很大，分阶段推进，给学员实践的机会，学员们反映说收获也很大。现在我的感觉是：做起来真的很难，但慢慢体会，深刻的改变正在一点点地发生。"

这个练习，后来我督导不同的学员做过多次，我常对他们讲的一句话是："你总要做、不停地做，挤时间随时记录，常看记录，体会自己内心的变化，慢慢才会有用。"

我同时对自己说："好的老师，应该是自己不累，学生累。"

结语

"我一向压抑自己或反感的那些事情是否正是学习的机会呢？""我如何用幽默的方式处理问题呢？""我如何通过认同和模仿他人的成功来改变自己呢？""我如何去做自己擅长的事情以弥补损失呢？""我如何将自己的危险性本能升华为成功元素呢？""我将如何通过利他来满足自己呢？"这六组问题，就像一个人行走在一条蜿蜒曲折的道路上每当找不到方向的时候看到的一块块路标，只不过这路标是用提问的方式告诉行人：答案在于自己的选择。美国培训大师托尼·斯托茨福斯说："当我们面对别人的时候，我们不会比他自己更了解他自己。每个人都是自己的专家。"他还说："有效的提问，能够使教练减少告知答案的欲望，开始真正倾听对方的想法。倾听得越多，越会发现对方是多么有能力，只需几个有洞察力的提问就能使对方产生解决问题的办法，他们本来是多么优秀的人啊！"

第二辑 假设胜过真相

没有两个人是一样的。因此，没有两个人的假设会是一样的。同一件事情，会被不同假设的人过滤出不同的理解。面对大千世界，如果能够使自己保持中正和开放，先去承认和接纳已经发生的，再从正面去假设、理解和行动，才会使自己更加充满自信和力量。正面的行动，才是对世界最好的反应。因为，你自己就是你的世界。

并非专业的建议

点儿要提高花鸟画技。

我虽不懂,但却提了三点建议:1. 读《诗经》;2. 读绘画大师传记;3. 学八大山人的字或元代中峰明本禅师的柳叶体,因为字是画的一部分,很重要。这第三条,是考虑到女人的毛笔字很难有写得好的,八大山人的字或柳叶体,相对容易上手,当然写到家亦不易。

点儿:"感觉很有道理,可是您并不懂绘画呀?"

我:"很多事情到了一定的高度都不是专业本身的技术性问题。"

点儿:"那是什么?哲学问题?"

我:"不是吗?"

点儿:"是的,我懂了。"

我好像也懂了。

于是,我在微信里问几位培训界之外的朋友:"告诉我,应该怎样做国企干部培训?动用你生活中的经验,点拨我一下?"

收到的回复有:

"现在国企干部的培训,真的是从事业的需要出发搞的吗?"

"要探索怎样在企业管理中培育生成中国式的、社会主义企业的管理方式,有人讲'两参一改三结合'吗?"

"在培训中成绩优秀的干部会得到提拔吗?"

"讲一讲国企到底应该发挥什么作用?存在哪些重大问题?"

"培训不实际、不实在、不实用的问题,你们是怎样解决的?"

"不要找专家来高谈阔论、纸上谈兵!"

"应该多找在企业中成长起来的实战型专家来讲。"

"不要光是讲，要多组织讨论，学员都是在实战中拼杀出来的领导人员，应该让大家群策群力，互相支招！"

"国企党建怎样才能增强实效？真正发挥作用？"

"切忌照本宣科、一味灌输！"

"好的领导一定也是好的老师，应该让领导上讲台。"

"有的院校老师，讲的不实用，却最会发牢骚！涣散人心。"

"少讲理论，多讲案例。"

"这些干部听了道理，他们能改吗？"

"有的干部道貌岸然的样子，是得培训！"

"培训后别让他们写体会和论文，要不秘书又得挨累了。"

"上课的时候，先没收手机，要求设振动没用，翻微信没有声音的。"

"少搞正规的培训，因为经过正规培训的干部都没有创意。"

"能把外行培训成内行吗？"

"把正规的培训机构都关停并转，市场化怎么样？我这也不是什么好招。不过我猜啊，是不是现在搞培训的都在搞面子工程、应付了事啊？"

"还是得培训意识形态，这是制胜法宝。"

"还有人讲解《论共产党员的修养》吗？"

"我出个对联行吗？上联是'培训爱，爱人爱国爱万物。'下联是'培训畏，畏民畏天畏法度。'横批是'有爱有畏'。"

看到这些"神"一般的回复，我想起两句老话：群众的眼睛是雪亮的；生活才是我们真正的老师。

> **结语**　《尚书》里讲："好问则裕。"意思是说，喜欢提问的人会慢慢地变得博学多闻。有趣的是，这23人的回复，竟有11人也是在提问，且都很有力量。其中有一句提问很让我感觉意外且震撼："这些干部听了道理，他们能改吗？"

奇怪的贪心

一位年轻人在微信里对我说:"老师,我有个难题请帮我化解一下吧!"

我问:"发生了什么?"

她说:"我家二宝已经 10 个月了,我也有私心,希望家庭和事业两不误。我工作很努力,可是总感觉缺少了些什么。公司的烦心事有时候会带到家庭,心情不好时就会影响到和孩子们的互动。"

我问:"你希望在家庭里得到什么?"

她说:"我觉得现在对我来说最重要的就是找不到内心的平衡点,我很希望各方面都可以协调好、处理好。我也希望自己的努力可以让孩子们感受到,希望孩子们能够拥有一颗善良、阳光、快乐的心,能够在未来走出属于自己内心真正认可的步伐!"

我说:"你使我看到一个既有上进心又有家庭观念的年轻人,我很高兴你能这样分析自己,这是很好的开始。"

她说:"真的吗?"

我说:"是的,不过我想问你几个问题,未来两个孩子都长大了,你希望他们怎样看待妈妈今天遇到的难题?他们希望自己的妈妈在工作与家庭之间怎样选择?他们不希望自己的妈妈怎样想、怎样做?"

年轻人说:"啊?这我没有想过,我要想一想。"

我说:"还有,我注意到你说'我也有私心,希望家庭和事业两不误',为什么说家庭和事业两不误这就是私心呢?你说'我工作很努力,可是总感觉缺少了些什么',那我想知道同事们是怎样评价你的呢?你感觉缺少了什么呢?能不能一条一条地说说看?或者把它记录下来?给自己看?"

她说:"我在想,不好回答啊!"

我继续问："你说'公司的烦心事有时候会带到家庭',为什么要带到家庭呢?怎么做才能不带到家庭?你说'心情不好时就会影响到和孩子们的互动',为什么一定在心情不好的时候选择和孩子们互动呢?还有,与可爱的孩子们互动居然也不能使你的心情好起来吗?"

她说:"我好像懂一点了,但还没有完全明白。"

我说:"你说的'找不到内心的平衡点',是指什么?怎样才算是平衡?比如,在满分是10分的情况下,家庭和工作各打多少分才算平衡?除了家庭和工作,你的人生里还应该有什么?"

年轻人显然一直在思考。

我说:"不要急着回答我,你应该好好问问自己。"

她说:"我希望两个宝贝相信我是个好妈妈!至于'他们希望自己的妈妈怎样选择',这个我还没想好,也许他们不希望我不开心吧?"

我说:"还有呢?"

她说:"我觉得我不可能做好所有的事,每个人都只能专注一个点,其实最近身边同事中有离婚的,我觉得很可怕,如果为了工作,放弃家庭,这不是我想要的。"

我说:"你说得对,人不可能做好所有的事情,其实也没有必要做好所有的事情,不是吗?但是,我们可以追求完美,对吗?因为追求完美的过程是快乐的,结果就不是那么重要。"

年轻人问:"我应该怎样做呢?"

我说:"你可以只专注做最重要的事情,有所为、有所不为。还有,你说'如果为了工作,放弃家庭,这不是我想要的',可是你可曾见过,这是谁想要的?那么人在什么情况下,会为了工作牺牲家庭?"

她沉默很久,然后开始回答前面的问题:"我的私心是在工作中实现自我,在家庭中尽到责任和义务。"

我说:"这很好啊,可这不叫私心,这是正念啊!"

她说:"是正念吗?可是我会觉得太贪心。我觉得工作很努力,可是少了些认可。我其实不是一个会表达的人，很多工作也不是为了别人而做的。可是我也在成长，需要有人支持和认可。其实工作再忙再累也不会影响心情，就是和人的沟通会影响心情。"

我说："为什么一定要说这是贪心？告诉我这样的贪心哪里不够好？过去曾经发生过什么样的事情，使得你被人评价为贪心？想想看，告诉我，比如可能是你童年时候经历过的什么事情。还有，你希望在公司得到怎样的认可？你沟通的目的是什么？"

很久，她没有回复。

我问："你能够回答给自己这些问题吗？"

她谨慎地回答："您提的这些问题真好，有些问题让我真的得好好想想！而且有些问题还会引起我的一些回忆和对一些问题新的认识，等我慢慢想，想好了再给您回复。"

我说："好的，但不是回答给我，是回答给你自己。"

过了几天，她告诉我："这几天我结合您的这些提问让自己和自己的内心对话。我发觉自己其实在家庭方面没有什么烦心事，内心的不平衡更多的是指工作给我带来的困扰。"

我问："你希望在工作里得到什么？"

她说："我之前一直认为，只要把工作做好，自我成长就足矣。但随着公司的变动，人员的调整，我发现自己想的真的很幼稚。因为没有人会认可我的成绩，没有人肯定我的努力。"

我问："那么现在你怎么看？"

她说："我知道这是源于我内心的不自信，所以我努力突破自己。今年从 3 月份之后做了两个项目，开发新客户，自己跑市场，到最近还在帮上游做业务。我没有奢求得到所有人的肯定，可是连我的直接上级对我的态度都是冷冰冰的，似乎我对他造成了威胁！我的直属领导都对我这样，我觉得工作真的很累心！"

我问："你决定怎样做？"

年轻人说:"最近我也在自我反思,我觉得自己不善于和领导沟通。但我又觉得这就是我的风格,我不会像有些人做一说十,我觉得我没错,可是这个大环境就是这样,你干得越多越得不到奖赏,而且还会给你更多的工作,出错了还是你的问题,而有些人说得多,人家就会认为他很忙很能干,还给他减少工作!"

我说:"我认真在听你说的话。你表达了三个意思:一是家庭没有问题,主要是工作方面有问题;二是工作方面的问题,不在于自己能不能干,而是干了得不到认可;三是谈到大环境,干得越多越得不到奖赏,而且还会给你更多的工作,出错了还是你的问题等等。是这样吗?"

她说:"是的。"

我说:"我要问你的是:1. 既然家庭没有问题,当初为什么会聚焦在家庭上呢?以后应该注意些什么,才能不影响到家庭? 2. 你希望得到谁的认可?说出三个人的名字?然后想想,你希望得到这三个人在哪件事情上的认可?为什么得不到? 3. 你说的大环境,真是这样的吗?如果是这样,社会岂不是很糟糕?又怎么会发展呢? 4. '公司的变动、人员的调整',为什么会使你'发现自己很幼稚'?这是什么样的逻辑关系呢?这代表了你内心什么样的渴望? 5. 你究竟想要公司或上级以什么方式来认可你?"

年轻人说:"很难回答,这我还要想一想。"

隔了一天,年轻人回复说:"谢谢您百忙中还为我劳神!您的连环问让我从昨天开始思考到现在,每个问题都不是可以很明确地回答的。因为从哪个角度都有延伸,都有可以继续往下追问的理由。您在让我思考很多的同时,我也越来越意识到,所有一切都归咎于自己,是我自己的思维方式、做事方法、固有的行为习惯在左右自己。"

我问:"真的是这样感觉的吗?"

她说:"是的。我觉得自己有时候很矛盾,不知道您有没有过这样的经验。我觉得自己是个做事的人,我应该说在很多时候、很多事情上,我表现得很好,但是我却总在关键的时候选择了退却!有时很想改变自己去迎合别人，可是我又觉得那样会失去自我。归根结底还是自己没有弄清楚自己到底想要什么，或者说自己害怕去承担什么、面对什么。我觉得自己有潜在的对未来的焦虑，也许每个人都有，只是表达不同，程度不同。"

我说："我看到你已经对自己有所觉察，比如开始反省，'归咎于自己，是我自己的思维方式、做事方法、固有的行为习惯在左右自己'。同时我看到，你还有'焦虑'，认为自己'表现得很好'，'却总在关键的时候选择了退却！有时很想改变自己去迎合别人，可是我又觉得那样会失去自我。归根结底还是自己没有清楚自己到底想要什么，或者说自己害怕去承担什么、面对什么'。我想问的是：为什么改变自己就意味着要去'迎合别人'？把'迎合'这个词换一个什么词会更好？失去什么样的'自我'是应该庆幸的？你害怕去承担什么？什么是使你不敢面对的？能不能举例说明？"

年轻人说："把'迎合'这个词换成'适应'会更好。"

我说："很好。还有呢？"

年轻人说："如果我很努力工作，对家庭的付出肯定会少些，如果孩子们因为我没有尽到责任而学习不好，或是将来成长得不好，这是我不敢面对的。我觉得自己幼稚，是因为没有看到人的本性会变，也许一些人就是善变的，比如你在或不在，他们都会有相应的变化，而我却一直很坦诚认真地对待他们，所以到现在，我觉得自己看错了一些人，觉得自己很幼稚。我内心的渴望就是希望在工作上实现自我，有很好的发展，在家庭上能够照顾好孩子们，有一个幸福的生活。"

我说："为什么很努力地工作就一定会减少对家庭的付出？有没有什么办法使你能够实现双赢？你可不可以找到三个以上的办法？你不敢面对的是自己不能实现双赢吗？还是别的什么？人的本性会变，这好还是不好？你在或不在，他们都会有相应的变化，这对还是不对？你对人坦诚相待，错了吗？看错人，除了使你看到自己很幼稚，会不会使你变得更加成熟？你前面说的'公司的变动、人员的调整'，使你'发现自己很幼稚'，这代表你有机会发现自己内心什么样的渴望？这些问题，不用回答我，但你要告诉给自己答案。"

年轻人说："对啊！换个角度来说，我也觉得自己变得更加成熟了！看来，我还要使自己的内心变得强大，调整自己的状态，不能被日常的琐事和杂念所干扰！您能这样认真地帮我，我只有惊讶和感动！您的话并不多，但您很真诚、自然，我也很放松，没有顾虑，我感受更多的是来自您的鼓励、肯定和支持。您的这些提问真的让我必须静下心来去思考，不是随口就能回答的，只是我说的事例少了些，还有些情绪在里面，有些地方表达的只有我自己明白，但可能会影响您的判断和理解。"

我说："这几天，我能感受到你的变化。"

她说："谢谢您！如果每件事情我也能像您这样思考这么多，多问自己几个为什么，也许会更好！所以接下来我要看得更远、思考得更深、做得更多，而不是满腹抱怨或是发牢骚。"

我说："我相信，你只要经常保持内心的宁静，能够经常中正地与自己对话，对任何事情你都能够找到三赢（你好、我好、大家好）的办法！"

> **结语**
>
> "发生了什么？""你希望得到什么？""他人是怎样评价你的呢？""除了你提到的，你的人生里还应该有什么？""真是这样的吗？""你希望得到谁的认可？说出三个人的名字？"这几句提问，换来的回应是"我越来越意识到，所有一切都归咎于自己，是我自己的思维方式、做事方法、固有的行为习惯在左右自己。""为什么改变自己就意味着要去'迎合别人'？把'迎合'这个词换一个什么词会更好？""失去什么样的'自我'是应该庆幸的？""你害怕去承担什么？""什么是使你不敢面对的？""能不能举例说明？"这些提问，换来的回应是"如果每件事情我也能像您这样思考，多问自己几个为什么，也许会更好！所以接下来我要看得更远、思考得更深、做得更多，而不是满腹抱怨或是发牢骚。"问对问题，事情便会简单——简单到只是向内找答案。

没有两个人是一样的

一个北京人,因为工作关系在大庆生活了一段时间;一个大庆人,因为工作关系在北京生活了一段时间。

有一天,两个人聊起了幸福这个话题。

北京人:"不去大庆还真不知道在北京生活其实很幸福,我平时竟然还有那么多抱怨呢。看来这幸福啊,真是比较出来的。"

大庆人:"咦?同意!我也是这种感觉呢,幸福真的是比较出来的。实话告诉你,我如果不去北京生活一段时间,还真不知道原来在大庆生活是这么幸福呢!"

北京人:"哈哈!这很奇怪吗?"

大庆人:"嗯,开始的几秒钟,我像你一样感到奇怪。"

两人的结论是:这并不奇怪!

NLP 中有一个著名的假设:没有两个人是一样的。没有两个人的人生经验会完全一样,因此没有两个人的价值观、方法论会完全一样。即便对某个问题持相同的观点,那所支持观点的生活体验也是不一样的。这个假设提醒我们,需要警惕持相同观点者背后的不同体验,同时尊重他人的那份体验。从另一个角度说,我们也要警惕持不同观点者背后的相同体验,同时尊重他人的不同观点。

如果假定没有两个人是一样的,就不会对任何人的行为感到诧异,就会允许其他人对同一件事有不同的看法,就会尊重其他人的看法,同时换取其他人对自己看法的尊重。

甚至没有一个人会完全和自己一样。不是吗?人不能两次踏入同一条河流。同样，人不能保持下一分钟和上一分钟会完全一样。

觉察到微妙的变化，应该是很愉悦的事情。

> **结语**
>
> "这很奇怪吗？"如果会话的一方诧异于所持观点的不同，这句问话会起到镇静作用。"他也会像你一样惊讶对吗？"这句问话用在惊讶的一方，同样会起到镇静的作用。无论怎样令人惊诧的场合，若有人问出："假设这是神安排的，你猜想神的意图是什么？"一定会发人深省。

关 于 拒 绝

一位年轻的同行问我："我该怎样拒绝别人？不去取悦别人？"

我问："拒绝就是不去取悦吗？"

年轻人说："我不想取悦别人，又不好拒绝。"

我问："你通常想拒绝的是些什么样的人？什么样的事情？为什么要拒绝这样的人和这样的事情？"

年轻人说："让我不舒服的人、不愿意做的事情。我因为不会拒绝而被利用还被笑话，最后不受重视。很多事情需要我做出牺牲，为了某些好像有理或利他的事情，但这样带给我的不是尊重和感激，使我成为一个便利贴女孩。"

我说："哦，这很糟糕。你应该很简单地拒绝，这不需要什么技巧。你觉得呢？"

年轻人说："可我不会。"

我说："还有，你确定你拒绝的都是没有价值的事情或者是不该做的坏事情？"

年轻人说："我不知道。"

我说："你过去是怎样拒绝他人的？有效吗？你为什么会允许自己'成为一个便利贴女孩'？"

年轻人说："很少拒绝，有过几次拒绝也无效。"

我说："取悦他人哪里不好？"

年轻人："不回答也可以是吧？"

我说："你来决定。但如果你回答了，我将知道怎样继续。"

年轻人说："拒绝他人后他们总会想办法再说服我，我一般就不懂得怎么拒绝了，也怕别人背后说我坏话，然后就……"

我："这更加可怕了！为什么他们总是有办法，而你没有？"

年轻人："我害怕……"

我："你害怕的是什么？对方还是自己？"

年轻人："我一直很好，从小到大，但是工作和上学是不一样的。我希望得到认可。"

我："你希望得到谁的认可？认可你什么？"

年轻人："所有人的认可。"

我："你觉得可能性有多大？必须得到这些认可才会快乐吗？你希望所有人认可你什么？请你说出几条足以使所有人认可你的地方？"

年轻人："聪明、博学、善良、可爱、优秀……"

我："这些你都已经具备了吗？"

年轻人："不知道、不确定。"

我："不知道？不确定？你却确定要得到别人的认可？那凭什么呢？"

年轻人："希望自己是自己。"

我："你做些什么才会使自己成为自己？"

年轻人："不断地学习、不断地努力、不断地折磨自己！"

我："你这样做了吗？"

年轻人："做了，但有时候会觉得索然无味，而且这样的感觉越来越强。"

我:"你希望用多长时间做到这些?"

年轻人:"一辈子吧。"

我:"那你希望在什么时候得到所有人的认可?"

年轻人:"每时每刻。"

我:"你希望所有人认可你努力的姿态?还是努力的结果?哪个更重要?"

年轻人:"认可我的全部。"

我:"凭什么呢?"

年轻人:"我需要。"

我:"别人也需要认可你吗?他们必须这样做?"

年轻人:"当然不是,所以我难受。"

我:"难受他们不认可你?还是难受自己不具备?你好好问一下自己,究竟努力了几分?对自己的努力感到满意吗?"

年轻人:"不满意。本可以更好,但是我累了。"

我:"这个累,是努力带来的?还是因努力不够、效果不佳带来的?"

年轻人:"努力得不到承认会更觉得累。"

我:"那应如何使努力有效果?说出几条?"

年轻人:"我在反思我的做法,可能方法不对。"

我:"你的目标是什么?"

年轻人:"成为优秀的培训师,至少讲好一门课程。"

我:"你准备什么时候做到这一点?"

年轻人:"一年的时间。"

我:"12个月,你每个月要达到什么标准?"

年轻人罗列了每个月的进度和标准。

我问:"做到这些,你需要哪些资源和支持?需要请教谁?需要做哪些调研?用什么方法?做到了如何奖励自己?做不到又当如何?如何监督自己每个月能做到这些?"

年轻人:"这需要列表量化具体措施。"

我:"好的,你现在感觉如何?"

年轻人:"豁然开朗。我要马上行动了!"

> **结语** 歌德说:"不论你能做什么、想做什么,只管大胆去做吧。要知道勇气中蕴含着天分、力量和奇迹。现在就行动吧!"使人聚焦于行动的提问有:"你对自己的努力感到满意吗?""你的目标是什么?""你准备什么时候做到这一点?""那么,你每个月要达到什么标准?""你需要哪些资源和支持?""需要请教谁?""需要做哪些调研?""用什么方法?""做到了如何奖励自己?""做不到又当如何?""如何监督自己每个月能做到这些?"如果对方真的想解决问题,那么在回答这些提问的过程中,就一定找得到方法。每个人都是解决自己问题的权威。

不要欺骗自己

我有一位好友,也曾经是同事,认识很早。他笃定诚恳的目光、略显拘谨的办事风格,是我能即刻回忆起来的印象。大约7、8年后,因为工作关系,我们又在同一栋大楼办公,经常晚餐后一起散步。出于对我的信任(事实上他非常尊重我),他陆续地跟我讲了一些他的苦恼。在他又一次有些愤怒的倾诉之后,我鼓起勇气、同时倚仗着他对我的信任与尊重,决心解决他的问题,便与他展开了一番深入的对话。

我说:"我要直言,你一向不分场合地不苟言笑、彬彬有礼,总是与人保持着距离,这才是导致出现种种问题的原因。对此,你真的对自己没有任何觉察吗?"

他看着我的眼睛,谨慎且诚恳地说:"对此我没有任何感觉,但您这样肯定,我相信是出了问题的。况且,原来我们在一起工作的时候,您就多次这样提醒过我。"

我说:"请你好好想想,在童年的时候发生过什么重要的事情?对你影响很大?使你养成了这样的性格?"

我引导他努力回忆了一些事情,比如父亲管教严格、弟弟毁坏了他心爱的木剑。还有两件重要的事情:一次是因为小时候很怕老鼠,被生气的父亲拿老鼠放在他脖子上逗留了很久;另一次,有个小伙伴淘气,用一只恐怖的类似蝙蝠翅膀的什么东西吓过一次。此外,实在回忆不出什么特别的事件。

我说:"我知道,你教育自己的女儿是很成功的,这跟你父亲对你的教育有什么关系?你的女儿完全没有你'不分场合地不苟言笑、彬彬有礼,总是与人保持着距离'的特点,是否因为你汲取过什么样的教训和经验?"

他眼睛一亮,然后慢慢点点头,说:"是这样的。"

我说:"我也很怕老鼠和蝙蝠,还很怕蛇。你应该知道,很多人都会怕一些蟑螂、毛毛虫之类的小动物。其实,这些小动物的生存智慧与生存能力是相当强的,在医学、遗传工程学方面,给人类很多支持,当然它们很不愿意这样做——我替它们这样想。同时丑陋、肮脏并不是它们的属性,那只是我们人类的主观意见,我们完全可以直视它们,接受它们的天性。"

他轻松地向后仰了下头,笑了。

我接着说:"可是,你给我讲过的一些工作上的事情,我很奇怪,你已经愤怒,却为什么你在那个愤怒的时候说出来的话,却是很有礼貌的、对方并不需要的客套话?"接着,我进行情景模拟,扮演他说出了完全不同的另一番话,告诉他完全可以这样回应对方。

他十分惊讶地说:"这正是我的心里话!如果您刚才不说,我完全想不到,但那确实是我的心里话!"

我说："是什么原因使得你不会说出这样的心里话？"

他说："我不愿意使人不快。"

我说："所以你欺骗对方？让他感觉你很平静甚至高兴？"

他有些无奈地说："是这样的。"

我说："于是，你开始欺骗自己，使自己以此为正态、常态，成为你的思维习惯。"

他竟然很理解地说："其实是这样的。"

我问："在童年，你是否违背过自己的意愿去做过什么？"

他说："很多。是因为人们对我的赞扬，邻居们、老师们都说我'仁义'，我便习惯于违背自己的意愿，去做一些自己不愿意做的事情，为了成就自己的'仁义'。"

我说："你已经习惯不去倾听自己内心的声音，反而去压制这种声音，这就是你'真诚地'对他人说谎的原因。你不去说心里的话，就是对他人和对自己的不真诚。无论你看起来多么礼貌，你都不是真诚的。那其实是最不够礼貌的表现。你欺骗了自己的潜意识，让潜意识一直沉睡，不去指导你的生活。"

他低下了头，深思了一会儿，说："是这样。"

我说："所以，你一直需要他人的肯定。你知道，经济学里讲，有需求就会有供给，这定律同样适用于社会学，于是你便收到许多言不由衷的肯定和赞扬，你一直用这些肯定和赞扬滋养自己。很久以来，你已经失去了对自己的正确判断。"

他坚定地问："我该怎样治疗自己？"

我说："让自己简单一点，朴实地说出你的心里话。虽然你已经不会，但可以一点点地学习。比如，刚才我模仿你说出的那番话，你可以背下来，明天去讲给对方，若背不下来就干脆写下来，去念给对方！你要多次地讲自己想说的心里话，恢复潜意识对你的保护。当然，你也可以不去治疗自己，因为你现在的生活也不错，很多人羡慕你，你只是偶尔会因为不说心里话而惹怒自己，同时引起他人的猜疑。"

他笃定地说："不，我要治疗！就从不欺骗自己开始。"

> **结语**
>
> "这正是我的心里话！如果您刚才不说，我完全想不到，但那确实是我的心里话！"这样的回答简直太震撼了！"是什么原因使得你不会说出这样的心里话？""在童年，你是否违背过自己的意愿去做过什么？"这两句提问，帮助找到了造成问题的原因：竟然是为了得到赞扬！当一个人从儿童时期起就被不适当的赞扬绑架，他便只能生活在那些由赞扬编织的圈套里。

难画的是什么？

这本书写了很少一部分的时候，我与点儿有一段对话。

我："点儿，你会绘制插图吗？我要写一本书，想请你来绘制插图。"

点儿："什么样的书？要什么样的插图？"

我："我想象的插图，是漫画笔法，线条简练，文人气息。"

点儿："丰子恺那种？"

我："是的。"

点儿："等你的书写出来我再画，不然不知道怎么入手啊。"

我："我首先得告诉你这是一本什么样的书，这是一本讲故事的书，运用NLP、教练技术和心理学做辅导。我要的这种风格的插图你会吗？"

我曾经教过点儿这些知识，也有针对性地做过一些练习，对这些她很有悟性。因她又工于绘画，所以我才找到她。

点儿："不会，没画过。"

我："线条简单。"

点儿:"这样的反而很难呢。"

我:"我觉得不难。你可以试试。"

点儿:"况且又要雅致、有文化内涵。"

我:"可以试试。因为你具备领悟这类文章的能力,画家不一定会呢。我给你发个故事,挑个短小的,你画一下试试。"

我发了一篇短小的文章《可怕的高度一致》。全文如下:

一位同行问:"搞了这么多年培训,你最不理解的、困惑的现象是什么?"我说:"是学员、企业、培训机构、老师,对培训的误解都很深,并且这些误解竟然高度一致。"他有些诧异,问:"您是指哪些方面呢?"我淡定地说:"几乎所有方面,这才是最可怕的。"他神情上有些不以为然,问:"比如?"我说:"比如?很多呀,比如他们都笼统地以为培训的效果主要取决于课后学员们的反映,比如大家都以为请一位名师就是好设计,或都以为培训计划很重要等等。"他吃惊了,说:"难道不是吗?"我说:"难道是吗?假如一个小孩子不顾蛀牙、总爱吃糖果,那么家长、老师就都主张给孩子吃糖果?然后请一位名师教给孩子如何吃尽世界各种糖果?最后给孩子编制全年吃糖果计划?"这比喻并不恰当,但在对话的场合却很容易让对方听懂你的意思。我的反思:我应该在企业内部课程研发上做些什么?我应该在推动行动学习上做些什么?我擅长什么?我该怎样开始?第一步是什么?我将如何持续?于是我会成为什么样的人?

点儿:"太难了!"

我:"这样的画是很难画,对别的专业画家一样是难的,也许更难。可是,你对此类东西的领悟能力却很强。"

点儿:"我不画了。"

她又补充一句:"看书就行了,为什么要搞插图?"

我只顾接着自己的话往下说:"再说,你仅是听我这么一说,还没好好想一想,怎么知道难?"

点儿："有一个画庄子的人，台湾的，他可以。"

我："蔡志忠，贵呀，请不起。"

我接着说："你甚至还没画一画，怎么知道难？"

点儿无语。

我鼓励点儿，说："其实这样的画，正是你的优势。不在画技，全在思想。"

点儿不为所动："还是太难了！"

我："画这样的画，在于头脑中的设计，然后一挥而就。就好比人生，其实难画的是自己想成为的样子。"

点儿不理我了。

> **结语**
>
> 如果有谁以为某件事情很难，那其实多半与实力无关。何况，实力是在挑战中积蓄起来的。那到底是什么使人觉得很难呢？信念——限制性的信念，来自过往的个人经历。不允许自己去做，才是症结所在。"你还没有做，怎么知道难？"这句提问会使对方一时无语，但不代表能够被说服。动摇限制性信念，绝非一时之功。

为了那些逝去的我

一日，我与友人在微信里聊天。

我："这几天一直在想，到50岁这一路，丢了好多个那子纯，童年的、少年的、青年的，他们死去了……今天的我，对于过去的我而言，太陌生了。"

友人："你不喜欢现在的你什么？"

我："丢失的那些个我，太可惜了！他们可爱、纯朴、勇敢、意气勃发、坦诚率真……"

友人："那么，你更喜欢哪个呢？"

我："我还是喜欢丢失的那些个我，特别是1987年的那个我，他纯净、激昂、率性、无畏……"

友人："那时候，你做了什么特别的事情？"

我："没有做什么特别的事情，正是这样，我喜欢！那年我大学毕业。那个时候的我，从不妥协、从不向权势低头，虽贪玩，也好学，从不费心耗时于交际、无任何不良习惯、跟大姐关系亲密、父母年轻能干……"

友人："现在跟大姐呢？还有父母呢？怎样？"

我："跟大姐关系出现裂痕，父亲也不在了。"

友人："裂痕可以修复，逝者却不能再生。"

我："那个时候的我，热血、无忧虑、体恤贫困的人、从不乱花钱、从不会犹豫、对任何事敢下断言，奔放地生活在想象中的中国人宁静无为的理想生活状态里……"

友人："如果现在的你遇见了1987年的你，会怎样？"

我："现在的我会怜惜那个时候的我，会想着嘱咐很多事情，但又不会，因为没有资格……那个时候的我，会对现在的我大为惊讶，会说，'这是我50岁时候的样子吗？当官了？怎么可能？我怎么可能会当官！讲课了？这倒不错！出书了？这太好了！但是、但是……这原本不是我想要的！我最想要的是天真的、无为的、快乐的智者！你，是这样的人吗？'"

友人："你不是这样的人吗？"

我："已经不是了，那个时候的我会佩服现在的我，也会喜欢现在的我，但不会想成为现在的我……"

友人："你想怎样？"

我："我想回去，但我知道回不去了！丢失了的东西，是不可能再得到的，得到了也无趣。"

友人："你将怎样？"

我："继续走下去！带着对死去的那些个那子纯的惦念、遗憾与报答，走下去……"

友人："也许再死上多少次，你又会重新成为出发时候的你了，譬如1987年的你，你愿意吗？"

我："啊？会吗？也许……"

我的反思：人在怀念过去的时候是虚弱的，需要教练；而任何人在爱护他人的时候都会是强大的，可以做教练。

> **结语**
>
> "任何人在爱护他人的时候都会是强大的，可以做教练。"这句话道出了教练的本质。提问只是教练的工作方式，爱才是教练的内在动机。提问与爱的配合，便是教练呈现出来的样子。好问题是怎样孵化出来的呢？打比方说，好问题是一只鸡蛋，那蛋黄便是尊重，代表生命的核心，那蛋清便是知识与经验，代表供给生命成长的营养，那蛋皮便是中正，代表态度，那孵化小鸡的窝就是场域，代表温度。缺少其中任何一样，便不会诞生新的生命。就像苏格拉底说的那样："提问就是接生，它能帮助新思想的诞生。"

你 是 谁？

很多年前，一位新同事刚刚进入我的干部管理工作团队，我同他谈话。

说是新同事，其实我们同在一个部门工作已有三年，甚至更前几年我们就同在某家公司工作。

事实上，正因为如此我才挑选他进入我们的团队。

出于对干部管理工作性质的理解，更出于我对他的了解，我在谈话中直言不讳地指出了他的一些"缺点"，希望他在工作中注意改正。

他缓慢地、很真诚地说："您刚才提到的一些我的缺点，有些我认可，有些我还要思考，但很明显有些是您对我的误解。"

我说："一定会是这样的。因为每个人都会将自己的各个侧面有意或无意地、偶然或必然地展示给他人看，就像一个万花筒，从很多角度将同一件事物折射出不同的景色。"

他有些愕然，同时很感激地点点头。

我话锋一转："可是，那又能怎么样呢？我们还是将自己展示给了他人，对此我们要负责。不论他人对我们有什么样的看法，我们都应该扪心自问：'为什么别人会这样看我？为此我今后应该注意什么？'"

他更加愕然，同时很认同地点点头。

多年后，我出版我的第一本书《思维创新》，请他作序。

他竟然将这一节谈话写进去，可见他对这件事情的印象很深。

在多年从事培训工作之后，我知道这件事情说明的道理原很平常。那句"你是谁"的著名之问，人人都知道，只是回答起来颇费踌躇。

此时，我很想将另外一个故事放在这里。

记得在一次培训活动中，我刚刚宣布课间休息，就有一位女士很迫切、同时有些激动地站起来说她苦恼于一位上级领导的百般挑剔，问我应该怎么办？我知道这个时候讲什么道理都不会有效，便问她是否愿意现场演示一下？她表示同意。

我让他从男同学中挑选一位很像她领导的人，同时再挑选几位在工作和生活中都对她很重要的人物，请她将这些人的位置一一摆放好，不需要他们做什么。然后再请一位她认为有些像她的女同学坐在椅子上，同样不需要做什么或说什么，只做苦恼状。

将这一切景象都布置妥当之后，我对她说："现在你是在若干年后回望今天的情景，像看话剧一样，请你感受一下氛围，然后告诉我，如何看待那位坐在椅子上的、正在苦恼中的、当年的你？"

这位女士看了很久（至少有 3 分钟），眼睛里慢慢充盈了泪水，然后低下了头。我默默朝扮演者和旁观者摆摆手，大家静静散去。

我问她："刚才，你感受到了什么？"

她抬眼望着窗外的远方："我感觉，坐在椅子上的那个我很渺小、无助。"

我又问："还有呢？"

她又低下眼睛："还有，就是那个我，不应该这样。"

我问："她应该怎样？"

她有些含糊、又有些坚定："她不应该这样想问题，她可以换一些方法，或许可以更好……"

我问："她应该怎样想问题？她可以换哪些方法？"

她说："就像您课上讲的，改变自己，才会推动他人。我想我首先应该站起来，同他人直接沟通，告诉对方我的想法，或请他帮助我，至少这样谁都不累。"

在那个时段里，这位女士被抽离出来，看到了环境中的自己。

如果我们每个人，都能时时将自己抽离出来，看到自己，慢慢就能够学会回答那个著名之问：我是谁？

> **结语**
>
> 如果他人误解了你，"可是，那又能怎么样呢？我们还是将自己展示给了他人，对此我们要负怎样的责任？""为什么别人会这样看我？为此我今后应该注意什么？"这样去想，难道不是唯一的选择吗？"假如若干年后回望今天，你如何看待今天正在困扰你的那个难题？"变换的场景、距离、时间和空间，都会使我们在各种抽离中看清自己。

为教练爸爸做教练

东北连日大雪。

昨天是爸爸离开我们两周年祭日。

三姐写了两首诗，发在微信中的亲人群里：

一

几度严冬至，依稀去日寒。
恐惊慈父梦，飞雪落悄然。

二

五月连天碧，悠悠绿草原。
父犹闲信步，芳草忆绵绵。

诗的意境开阔、舒缓、安适。

我还知道诗背后的故事。

诗中提到雪，是因为爸爸2013年冬季离开我们的那天，窗外忽然飞雪，室内鲜花连日盛开。诗中还提到5月的草原，是因为姐姐曾带爸爸妈妈在5月份去草原玩儿，记得有一张照片里，姐姐跳起来，很高兴的样子，爸爸蹲在草原上细心地察看小草，用手指拨弄着。

像是冥冥中有安排，爸爸曾在离开我们的两个月前，也就是2013年9月3日，写了两首诗。那时看上去他还好好的，只是有些瘦，吃不下饭。11月1日才检查出是胰腺癌晚期，12月10日就离开了我们，上天只允许我们在医院里陪护他40天。

爸爸喜欢写诗，他在生命中的最后两首诗中写道：

一

镜中容颜，衰于昨年。
病有药医，老无方剂。

二

人生终有日，自然法则严。
智者鼓盆歌，痴者徒戚然。

在陪伴爸爸的40天里，我们兄弟姐妹5人，都很平静。送爸爸走的那天，我们给送行的亲友们制作了PPT在大屏幕上播放，其中两句话是这样写的：死神来临，唯有平静；与其悲戚，不如欢送。那时我的儿子正在上大三，爷爷刚刚住院的时候，他从北京回来看爷爷，给爷爷演奏二胡名曲《二泉映月》，爷爷教育孙子没少下功夫，二胡是他们祖孙俩的感情纽带。爷爷走的当天，儿子在北京给爷爷写了一首挽诗：

致远方的爷爷

瑶池添贵客，佛国来金刚。
音容随鹤去，德泽存久长。
今日君新别，我身在异乡。
从此祝安好，两地莫悲伤。

三姐的诗让我想起爸爸喜爱钓鱼。

夏天的周末，爸爸就盼着晴天，这样我就可以开车拉着他和妈妈去钓鱼。爸爸平时腰疼腿痛，可每逢钓鱼到了野外，小跑起来像个少年一样。

我的眼前总是展现出两幅清晰的画面：一幅是爸爸在钓鱼前夜，美滋滋地在摆弄渔具，用白毛巾擦拭鱼竿，嘴里和妈妈念叨着往日钓鱼的趣事；另一幅是在池边的坝上，晨光透过树叶洒落下来，爸爸快步走向木板搭起来的投食台，那里可是钓鱼的最佳位置。

脑子里伴着这样的画面，我便和了姐姐一首诗：

钓　趣

垂钓待晴天，前夜弄鱼竿。
坝上趁晨光，如何似少年？

妻子在微信里说："今天我代你们去看了爸爸，上了几炷香，给爸爸念了你们姐弟写的三首诗，还告诉爸爸家里的喜事，点儿（三姐的女儿）已经成长为画坛新秀，请高僧为姥爷作法事，球球（哥哥的外孙子）成长得很好，新土豪（哥哥）畅销'稻花香'（五常大米），妈妈每天享受爱女的悉心照料，山东小妮儿（二姐的外孙女）能歌善舞，装修爱好者（二姐）大显身手，上班的、求学的（指我的儿子在美国），都好着呢！"

二姐那边在微信里发了在海边给爸爸烧纸的图片。

哥哥问："是美元吗？"

二姐说："有，还有欧元！"

这些玩笑，都像三姐的诗一样，让我感觉欣慰。

陪爸爸的那些天，感觉爸爸一天天在衰弱下去。

兄弟姐妹几个都能准确地感知到爸爸哪天会走。

爸爸走的前一天晚上，我心里感觉到爸爸明天就要走了。但有一个工作上的事情，我不放心，决心在明天早上开一个短会。于是，我通知相关者明天早点上班，先开会，之后再去餐厅吃早餐。

第二天早上，我镇定地主持了那个会议。

那个会议33分钟，意味着我将少陪爸爸33分钟。

我想，爸爸会原谅我的——甚至不需要使用"原谅"这个词。

我最感觉安慰的，是在爸爸弥留之际，为爸爸做教练。

也就是为爸爸做临终关怀。

我在爸爸耳边细数了他人生中的成功、几次避险和脱难，还有那些幸运和幸福。其中我提到，爸爸年轻时候身体不好，有位医生曾说爸爸活不过50岁。我的爷爷和太爷爷，都不算长寿。爸爸在听我讲话，脸色有些潮红，眼睛眯着，瘦削的脸上露出了微笑。爸爸往生的那时刻，我一点点感受到他的离去，我不断地在他的耳边描述着那一路的风光，天上像下雨一样落着曼陀罗花瓣，水池里长着亭亭玉立的荷花，有白色的、青色的、黄色的、红色的，荷花随风摇曳，远方的天边金光灿烂，祥云朵朵，竹林成阵，草地上白鹤、孔雀蹁跹起舞，杜鹃和画眉百千啼鸣⋯⋯

后来我跟同事说："我感觉中国人缺少两种培训，一种是死亡教育，一种是临终关怀。这应该是当前的两大社会培训需求。"

在我眼里，爸爸是这世界上最好的导师和教练。爸爸一生为儿女、为儿女的儿女做导师和教练。在爸爸离开我们的时候，我能为爸爸做一次教练，也是对爸爸养育之恩的最好回报。

> **结语**
>
> 用诗来描绘与死亡相关的话题，是有趣的。这样的趣味，也是一种境界。如果愿意、如果有爱，每个人都可以做教练。当然，每个人、特别是在某个时刻，也都需要教练。能给临终的父亲做一次教练，是多么幸福啊！

怨恨他人，就是不原谅自己

在微信里，曾有过一段对话。

对方："我曾在西藏住过一个月，喜欢那里。"

我："喜欢那儿的什么？"

对方："自然风景、宗教气息、质朴民风，最重要的一点：人少。"

我："那儿的自然风景哪一点最打动你？"

对方："遍野的黄花，牦牛自由地吃草，原始的状态。我想自己也是野性的，喜欢自由。"

我："那个时候，你最想为谁做些什么样的事情？"

对方："想留在那里教书。"

我："教书？为了孩子们？还是为了自己？"

对方："什么都不为，就想随心随性。"

我："但为什么是教书？"

对方："别无所长，以前教过书。"

我："如果留在那里，会躲开过去的什么？"

对方："不开心。"

我:"对哪里不开心?"

对方:"觉得自己生活着的地方的一切都是在委屈自己。"

我:"躲开这些后,你会变得强大吗?"

对方:"不会,所以没留在西藏,回来了。"

我:"躲开这些的同时,会失去什么宝贵的东西?或者会失去什么机会?"

对方:"清楚地明白了人不是为自己活着的,不管是过去、现在、还是未来。在色拉寺我跪在佛前,等着太阳落山,等钟声敲起,等着死。"

我:"那时,你觉得死是什么?"

对方:"自由。"

我:"如何知道的?"

对方:"感觉。"

我:"从谁那里得知死亡是自由?有谁曾伤害过你吗?"

对方:"只有死亡能摆脱一切的羁绊。"

我:"这又是如何知道的?"

对方:"确曾有过一个人伤害过我。"

我:"在那之后,是谁决定和允许这个人继续伤害你的?"

对方:"爸爸妈妈的理由是孩子太小。"

我:"然后你决定维持下去?"

对方:"是的。但是,后来还是听从爸爸妈妈的话,分开了。"

我:"那当初又是听了谁的话,走到一起的?"

对方:"爸爸妈妈的话。"

我:"既然都是自己决定听谁的话,又怎会定义是伤害?伤害你的人是受益者吗?"

对方:"这个人不是受益者,但他做了坏事。"

我:"伤害这个感受,对你有什么好处?"

对方:"没有好处,只有怨恨。"

我:"既然没有好处,为什么一直使自己深浸其中?"

对方："我不爱这个人。这个人却背叛我。"

我："既然不爱，又何来背叛？"

对方："我会生气！"

我："生气的背后，是一种什么样的渴望？"

对方："离开这个伤害了我的人！"

我："为什么要接受自己是受害者的身份？为什么一直允许自己去强化这样的身份？刚才你说这个人不是受益者，那么这被你称为是伤害的事情，在别人看来是什么？"

对方："互相伤害。"

我："于是呢？"

对方："分开是最好的选择，对双方都是解脱。但是，孩子会受到伤害。"

我："孩子在这件事中受到伤害是必然的结果吗？你如何做，孩子反而会早早自强？"

对方："陪伴，加上让孩子自己独立做事。"

我："现在感觉如何？"

对方："好一些了。给我点直接的建议吧？"

我："不要定义自己受害者的身份，也不要在'受害'许多年后依然活在这个身份里，更不要靠回忆和倾诉强化这个身份。伤害来自于自己与对方的配合，否则无法构成'伤害'。这个互动过程中，你并不会增加或减少什么。对方是一个独立的人，对方只是做了一件自己想做的事情而已。你也是一个独立的人，你必须有头脑也有能力迎接和处理。无论结果好坏，都是自己的分内事，与他人（包括自己的父母与子女）无关，更不得以他人为借口掩饰自己处事的无力与只为自己的私心。"

对方："知道了。"

我："你相信佛，这很好。我想，此时佛会对你说，怨恨他人就是不肯原谅自己。生命，是用来感受而非消费的。从自己的痛苦之处努力才会获得成长，这样的人是聪明的，也是快乐的。不刻意区分痛苦和快乐，顺应老天的赐予，从中学习，就是智慧的人，这样的人生才会丰盛。最终要做一个懂得慈悲的人，这样的人生才会得到无喜无悲的圆融。"

对方："原谅他吗？"

我："就是原谅自己。"

> **结语**
>
> 　　人生中总有一些人和事是自己想要躲开的。每当这时候，"躲开这些后，你会变得强大吗？"这句提问便很有用。"既然都是自己决定听谁的话，又怎会定义是伤害？"可见，伤害不完全是来自外部。"为什么要接受自己是受害者的身份？""为什么一直允许自己去强化这样的身份？""这被你称为是伤害的事情，在别人看来是什么？""孩子在这件事中受到伤害是必然的结果吗？""你如何做，孩子反而会早早自强？"这些提问，会促人深省，自己找到解脱的方向。
>
> 　　但若在与管理者的对话中，假设对方一直在强调："这不可能！"可以这样问："从不可能到可能，您觉得需要满足什么条件？现在就可以做到的第一步是什么？第二步呢？还有呢？"假设对方开出一个吓人的条件："除非给予特殊政策！"可以继续提问："假设您前面提到的政策方面不存在任何问题，接下来您会怎么做？具体计划是什么？""回到现实，如果您现在就坚持像您刚才说的这样去做呢？假以时日，会有什么结果？""那么，是什么原因让您认定是政策方面出了问题呢？""您从中得出了什么结论？"很多时候，所谓政策云云，只是不作为的借口。

偶　　遇

在飞机上遇到很久未能见面的老朋友，恰好临座。

她很开心地向我讲述着自己18年来经历过的一些重要的事情。

我一直在倾听，同时给予她关注的目光。

最后，她自己总结道："我就是认真，所以才会有今天。"

我简洁地说："在我看来，你有三个很显著的变化：一是不那么羞涩了，过去每每当众说话就脸红；二是知识面宽了，讲起什么就滔滔不绝；三是注重仪表了，穿着很得体，显得很自信。"

她听了，认真地点点头。

过了一会儿，她突然对我郑重地说："过去你多次帮助我，谢谢你！"

她的目光沉静而真诚，我用同样的目光接受了，同时补充一句话："最重要的是要感谢你自己，像你刚才说的，做到了认真二字。"

她舒了一口气："今天真是开心！终于向你说出了一直想说的话。"

其实，她所说的我有多次帮助到她，我已经淡忘了。

但她却一直记得，今天终于有机会对我说出来了。

这一点，她是幸运的。

我的反思：一路走来，我需要感恩哪些人？他们现在怎样了？我该创造怎样的机会说出内心的感激呢？

> **结语**
>
> 一个人，反思的机会是无处不在的。"一路走来，我需要感恩哪些人？他们现在怎样了？我该创造怎样的机会说出内心的感激呢？"便是一个好问题。家族系统排列大师海灵格说：系统排列的根在中国。他在指中国传统文化中的纲常、孝顺、道的概念。系统运作的原则告诉我们：系统内"施"与"受"的双方，内在或无意识里会自动要求平衡。于是，忠诚、承担、投射，便成为系统运行的内在动力。当我们遵从这种原则和动力的时候，我们的内心便会平衡、宁静，并会源源不断地获得行动的力量。

门

一天，段老师在微信里发了一条信息："吃过早饭回到办公室读了20分钟书，这时办公室外来了几位到对门交费的学员。他们在门口喧哗着，我继续读书。1分钟后，我的门被其中一位学员轻轻地关上。我放下书静静地感受他（关门的人）对环境、对环境中自己的洞察及产生的行为。我在想，这不是仅仅用尊重就能完全感知的情景。我没有看见他关门，但我却能感受到那个关门的画面……"

洪老师说："随手的善意。"

我说："美好瞬间。"

段老师说："无法用更多语言描述，反而感受得更多。"

我说："培养不经意间做善事的美德，要比教知识重要。"

段老师说："他那一刻活在当下。"

我说："他其实是向你打开了另一扇门。"

段老师说："是的！打开了发现的大门，看到更多的可能性。对我更重要的是发现意识与潜意识的相互观察……"

我说："受到潜意识滋养愈多，意识便愈强大。"

> **结语**
>
> 本是生活中的一件小事情，教练们之间却发挥出一段有趣的对话。如果翻译成提问，会有这样的几句："你没有看见他关门，但你是如何感受到那个关门的画面的？""你们在那一刻都活在了当下，我想知道的是你自己在那一刻是如何做到意识与潜意识的相互观察？""他在轻轻关上门的同时，向你打开了什么？""作为老师，成功地培养学员在不经意间做善事的美德与成功地教给学员知识相比，哪个更会吸引和感动你？""受到潜意识滋养愈多，意识便会发生怎样的变化？"也可以运用隐喻技术发问："您会用什么动物或植物来形容这个人？""这件事情更像历史上发生过的什么事件？""这让你想起了什么？"

领 悟

一次，我在微信中的亲人群里说："其实，人活着就那么几十年。很多人却当永远能活着似的那么活着。"

一个亲人立刻发出一个哭脸！

另一个亲人说："这话很深刻！"

又一个亲人说："啊，我把这话念给妹妹听，我俩都好高兴啊！"

我好奇地问："为什么高兴？"

答："因为一下子就想通了啊！"

其实，我说那话时的心情是悲悯的。

同样一句话，在不同的人那里会得到不同的反应。

过往的生活体验不同，对一件事或一句话的反应就会不同。

我们日常所看到的人的一言一行，无一不是被他的价值观所过滤出来的。那么，众人相同的言行，大致源自相同的价值观。

我的反思：当我说一句话的时候，我应该认清，我是打算说给谁的？想得到什么样的反应？

> **结语** 一个人，只能拿自己的经历去领悟来自外部的信息。同样的一句话、一件事，每个人的领悟都会不同。"当我说一句话的时候，我应该认清，我是打算说给谁的？想得到什么样的反应？"这样提醒自己，会十分珍贵。这世间的很多事情，难道不正都是这样的吗？

重　点

好友："最近找到了一个好大夫,我的胃病好些了。"

我："好啊!"

好友："重点是很便宜,很实惠,真的是良心药。"

我："重点是有效果!你不这样觉得吗?"

好友："是啊,胃舒服了,人就精神了!"

这是一段我与好友在微信里的对话。

很多时候,我们将重点放错了位置。

独独忘记了目标。

最近常听到"以问题为导向"这句话。

其实,早在 2005 年的时候,我本人常常在工作中向同事们反复强调要树立"问题意识"、"以问题为导向"。

现在,我依然重视问题,仍然强调要树立"问题意识"。

但现在的我会更加看重效果。

如果一定要我"以××为导向"的句式说一句什么,我还是觉得应该提"以成果为导向"。

这应该成为企业管理的经典意识。

> **结语**
>
> "重点是有效果!你不这样觉得吗?"对一位深受胃病折磨的患者来说,这句提问是很有说服力的。将重点放错了位置,就会忘记了目标,沉浸在细枝末节里,将事情做成一团糟。任何时候重温德鲁克的这句话都很令人震撼:"管理是一种实践,其本质不在于'知'而在于'行';其验证不在于逻辑,而在于成果;其唯一权威就是成就。"

假设胜过真相

年轻人:"方女士刚刚去世了。"

我:"我很喜欢她。"

年轻人:"听说是间谍。"

我无语。

年轻人:"能不能是暗杀?官方称是病死。"

我:"这些未经证实的消息最好不要听、传,否则是对逝者的不敬。"

年轻人:"哦。"

我:"更重要的是关注这样的消息对自己的身心修养不利。"

年轻人无语。

我:"假设是好的要比假设是坏的更有利于身心。"

年轻人:"嗯。"

有时候,假设胜过真相。

> **结语** 在这位年轻人的心里,会瞬间翻腾出很多疑问。但正是这些疑问,带动他去思考。谈话过程很简单,是因为有效果。这效果,就来自于年轻人对疑问的自我解答。人是活在假设中的,其中大部分假设却不为本人所觉察。但当挑战固有假设的情景出现的时候,觉察便会发生。

封闭式的谈话

某日中午,前文《不要欺骗自己》中提到的那位先生来找我告辞。

他要去一个大型国有企业从事某一个系统的选人用人工作。

由于他还要赶飞机，所以我们只有不到半个小时的时间，他要求我用封闭式的语言直接告诉他，应该注意些什么。

这是个有趣的要求。

于是，我讲道——

"选人用人，听起来是一项很具体的工作，但其实只是一个题目，而且是一个很大的题目。对此，首先仍然要用得上管理学中很是原始、最是要害的一个句式来问：选人用人工作的主业是什么？"

"选人用人，有两大主业：一个是考核评价，一个是政策研究。那么，考核评价与政策研究，两者之间又是什么关系呢？"

"考核评价是选人用人工作的全部基础，政策研究是选人用人工作的顶层设计。没有扎实的考核评价，就不会有好的政策研究。同样，政策研究做得不好就会影响到考核评价也做不好。"

"考核评价既然这么重要，就一定值得花费绝大部分精力去做好，千万不要程式化，千万不要简单化，你能用 5 年时间做好这件事情就很不错了。考核评价怎样才能做好？第一要实现专业化，譬如必须懂得很多谈话技巧、掌握很多的评价工具。第二要实现个性化，譬如对人的考核评价不能离开现从事的具体岗位和将从事的具体岗位，不能离开岗位去空谈人的素质能力，针对将从事的岗位而言则必须对应他的特长去考核评价。"

"你做一个系统的选人用人工作，那么你怎样看待与企业组织人事部门的关系？企业组织人事部门的选人用人范围更广、更多，你怎样处理两个部门之间的关系？"

"只有一条路，就是不要想着分权、自立，而是应该想着合体、共责。要创造这样亲密的关系，要以贡献的态度去做事。譬如举行推荐优秀人才大会的时候，不要分开进行，要一起进行，这样不但减少干扰基层，同时能够共享信息。做到合体、共责这一点，就是双赢、共赢。"

他临走的时候，我不放心，加重语气说："你若做得好，我会很愿意在他人面前提起你、同时内心也会很认可你是我的好同事。"

他走出门口的时候,朝我用力地点点头,眼睛闪着炽热的光。

我想,封闭式的谈话,有时候很适用于时间紧迫的场合。

> **结语**
>
> "我们是做什么的?""我们的主业是什么?"这对任何组织来讲都是极其重要的一个问题,并不容易回答。甚至对那些早已存在的组织来说,也很难回答。"怎样处理部门之间的关系?"这对任何管理者来讲都是一个极其重要的问题,并不容易回答。甚至对那些部门关系处理得很好的管理者来说,也很难回答。能否"以贡献的态度去做事",这是衡量一名管理者是否优秀的首要标准。

迷惑的野鸭

一位朋友发来微信,问柳荫公园里的野鸭子南飞了没有。

前几日朋友从大庆来北京,我们曾一起散步、观赏那群野鸭子。

我说:"还没有啊,本来刚刚结冻的冰,现在都已经开始化掉了,大概是天气太暖和的缘故吧。"

朋友说:"野鸭们不会迷惑吗?"

我马上称赞这是很别致的想法。

朋友又说:"这暖和的天气,野鸭们可别耽误了南迁啊。"

我感觉有趣,便写了一首诗发给朋友:

鸭之惑

久入冬季却未寒,柳荫冰消为哪般?

野鸭迷惑春风返,直忧贪暖误南迁。

朋友说："其实呢，这不是鸭之惑，而是人之惑！"

我的脑子里又开了窍："是呀，我怎么知道是野鸭们迷惑了呢？说到底，只是我迷惑罢了。"

又想起庄子与惠子站在桥上观赏鱼儿的一个典故：

庄子说："鱼儿很快乐地在游啊！"

惠子说："你又不是鱼，怎么知道鱼儿的快乐呢？"

庄子说："你又不是我，怎么知道我不知道鱼儿的快乐呢？"

惠子答不上来。

也许我应该对朋友说："你又不是野鸭，怎么知道野鸭们没有迷惑呢？何况你又不是我，怎么知道我不知道野鸭们的迷惑呢？"

但事实上，没过几天，气温下降，湖面完全冰冻了！

野鸭一只也没有了，这些生灵一定是飞回南方了。

似乎惠子是对的，庄子只是在雄辩。

我只感觉可惜，没有亲眼看到这些生灵是采用什么样的仪式告别这里，结队飞回南方的。那情景，对从事培训工作的人来讲一定是耐人寻味的。

我反思：野鸭们即便是被温暖的天气迷惑，也会是暂时的；因为当冬天决然降临的时候，一切生灵都会重复千百万年的选择，活在当下。

结语

"你是怎样知道的？"这是一句非常有力的提问。如果不够，可以再问："这你又是怎样知道的呢？"譬如小孩子说："语文老师不喜欢我！"你可以问："你是怎样知道的？"假如小孩子坚持说："语文老师一开始就不喜欢我！"你完全可以再问："这你又是怎样知道的呢？"假如小孩子仍然赌气："语文老师是不会喜欢我的！"你可以继续坚持你的提问："哦？你甚至连未来的事情都能够预见？你是怎样做到让语文老师不喜欢你的呢？"如果孩子的气焰缓和下来，你应该继续这样问："可见，你是知道如何使语文老师喜欢你的，对吗？"

正面的行动，才是最好的反应

一次在微信里，卢老师讲："在一次研讨刚刚开始不久的时候，我看到一个学员站起来去拿热水壶，我心里就想，这个人真不怎么样，别人都没有动，就他想喝水，刚想说两句，没想到这个学员却拿起水壶给每个学员都倒了一杯水，同学们自发为他鼓掌，气氛一时就活跃起来。"

我问："现在，你怎么看这件事？"

卢老师说："这件事，让我认识到一个人固有的心智模式其实很不好改变，有时候我们以为是这样的，其实并不是你想的那样，自己一定要加强换位思考和切己反思的修炼。"

我问："现在遇到这种情况，你会怎样做？"

卢老师说："我会马上站起来，拦住他，并对他说，我来给大家倒水吧，您坐。他可能没有给大家倒水的意思，但不会拒绝我的善意。"

生活中，可以经常看到同一件事情被不同信念的人过滤出不同的理解。面对同样的世界，最好的姿态应该是使自己保持中正和开放，先承认和接纳，再从正面去理解和化解，使自己更加自信和充满力量，然后采取正面的行动。

正面的行动，才是最好的反应。

结语

"我会马上站起来，拦住他，并对他说，我来给大家倒水吧，您坐。他可能没有给大家倒水的意思，但不会拒绝我的善意。"精彩的言行，往往来自对自己的反思。NLP认为，人的信念大概有上百万条，大多都潜伏在潜意识里，只有受到挑战或进入反思状态的时候，才会浮现出来，被意识接收。如果一个人只在被冒犯的时候才认识自己，那就太晚了！

谦逊的力量

万老师的父亲是一名厨师。

一次,他不小心把饭菜弄到周恩来总理的裤子上,那是周总理到大庆油田视察工作时在食堂就餐中发生的一件事情。

事后,总理特意嘱咐大家不要难为这位年轻的厨师。

总理离开大庆的那天,临上车时隔着几层人过来跟这位年轻的厨师握手。年轻的厨师原本站得很远,虽然他很想上前。

如今,厨师70多岁了,提起总理就落泪。

这就是谦逊的力量。

我能感受到年轻的万老师一直对周总理抱有极大的敬意。

我问:"万老师,你为什么对周总理也会有如此深厚的感情?"

万老师说:"因为我敬爱我的父亲,我相信他的判断。"

这就是传承的力量。

> **结语** 不放过对每一个人的尊重,哪怕他处在一个角落里,这是大修为。同时,任何一位处在角落里的人,都会是一位父亲或母亲。于是,尊重的力量会传承。除了亲身经历和观察他人的经历,人还会受到他所崇敬的人的极大影响,这三股力量汇集到一起,经过思考,便塑造了人。

我们是做什么的?

2012年春季的某一天,我的研发人员惊慌失措地来告诉我:"油田人事部决定不再由我们承办党支部书记培训班了,由油田其他培训机构来承办！"我心里一惊，但很淡定地问："那又怎么样？"

于是，有了下面这样一段对话。

"可我们正在开发党支部书记课程啊，已经做了两个月了，这您知道啊！"

"当然，可又怎么样呢？"

"那我们还研发这课程干吗！"

"我们研发课程的目的是什么？"

"当然是上课啊！"

"可以啊！有什么问题吗？"

"可是，已经决定不由我们来办班了呀！"

"由谁来办不都是需要课程吗？谁承办就让他们用我们研发的课程好了？还有什么问题吗？"

"可是，凭什么我们好不容易开发的课程让他们来用啊！"

"凭什么不能呢？让我们给自己一个身份和定位好吗？那就是将来我们只专注做上游，就是研发课程，不然油田20多个培训中心也许没有谁会愿意去做这样的事情了，这样的身份和定位你不喜欢吗？再说，谁能够最终决定市场是属于谁的？左右市场的决定因素，是永久的实力？还是一时的行政指令？"

随着我的句句发问，研发人员的脸色越来越好看，最后有些兴奋地说："对，我们只做上游！但是，如果那些培训机构不用我们的课程呢？"

我说："可以呀，不过谁又规定我们研发的党支部书记课程不可以给党委书记们用呢？不可以给与党支部书记搭班子的矿大队长们用呢？不可以给党支部书记后备人选用呢？不可以给油田外部企业用呢？再说，就算其他培训机构不用我们的课程，我们也要继续开发课程，因为这是在为油田做知识管理。这是一个很大的系统工程，我们是不会停下研发脚步的。"

从我 2010 年 7 月由油田人事部调到油田培训中心任主任的那一天起，我就决心大规模研发企业内部课程，构建企业自己的内部课程体系。

早在 2001 年，我任大庆局党委组织部干部管理科科长的时候，就开发了 16 名企业内部培训师，为企业后备干部培训班授课。2005 年的时候，我任大庆局组织部副部长时又开发了 42 名企业内部培训师。

这次到油田培训中心，我计划用 10 年的时间为油田完成知识管理工程，用内部课程覆盖油田的全部管理岗位。常言道，柿子要捏软的吃。大规模开发课程，首先要保证不能失败。之所以首先选中开发党支部书记系列课程，就是因为油田的基层党组织建设是有传统的，也是过硬的，在企业经营管理中发挥着举足轻重的作用。

当时，油田有 6450 名党支部书记，我按照"岗位实践极其出色"的标准，通过人事部从中选了 100 名党支部书记来开发课程。关于这个人选的标准，也是经过了一番争论的。我说："企业内部培训师的选择标准，最为重要的其实只有一条，就是'岗位实践极其出色'，其他的诸如'经验丰富'、'理论水平高'、'表达能力强'都是次要的甚至是不重要的。"

开发这套党支部书记系列课程，我们的研发人员带领 100 名党支部书记，用了 8 个月的时间，找到了 92 大类问题，萃取了 300 个案例，形成了 33 门课程。事实上，我们的党支部书记课程研发刚刚进行到一半的时候，油田人事部就要求我们承办党支部书记培训班了，并且一口气办了 14 期，还为慕名而来的油田外部企业做了几期党支部书记培训班。后来还是我要求不要再办班了，要沉下心来把这个研发项目做完。

在我任主任的 4 年里，我们共开发了 33 个这样的项目，共研发了 319 门课程，培养了 329 名企业内部培训师。

后来，油田其他培训机构要用我们研发的课程，我提出每门课程收取 50 元研发费。其实并不是成心要谁难堪，只是想借此告诉人们，知识产权的观念在油田应该被树立起来。研发课程的机构，在油田应该受到尊重。

这件事情过去很多年了，至今我还记得我与研发人员的那番对话。弄清楚自己到底是做什么的，对知识工作者来讲不是一件很容易就可以弄明白的事情。因为，这涉及对企业战略的理解，对本职工作的理解，以及个人拥有怎样的信念和价值观。

十几年来，我问同事们同时也是问自己最多的话就是：我们到底是做什么的？我们的核心价值观应该是什么？我们的主业应该是什么？我们打算花多少时间、精力和成本去做主业？

> **结语**　"那又怎么样？""我们研发课程的目的是什么？""让我们给自己一个身份和定位好吗？做上游、做研发，这样的身份和定位你不喜欢吗？""是什么决定市场是属于谁的？"这些提问甚至启发了我自己！其实我是在问答式的对话过程中，才渐渐理清了思路。

意外的收获

2012年8月的一天，我给某培训班讲授"思维创新之哲学思辨"。

由于之前与班主任的沟通出现失误，以为是讲半天，就带了半天版本的课件。到了教室才知道，原来是一整天的课。

结果却出乎意料，培训效果非常好，全体学员无一不情绪高昂。

半天版本的课件讲一整天，可以讲得更加透彻，可以展得更开，可以给学员更多时间思考和训练，使学员消化吸收得更好。

这门课程我讲了过百场，每次效果都很好。

但我分明看到，这次的培训效果是最好的一次。

这说明什么？也许正因为一直自我感觉良好，才使我没有看到自己。

我的反思：意外的"差错"，有时会带来看到自己的机会；如果尝试多从他人的角度观察自己，会给自己带来更多看到自己的机会。

> **结语**
>
> "意外的'差错'，有时会带来看到自己的机会。"所以，多去有意地制造"意外"，或许会收获惊喜。很多实用性的创新，大抵是"意外"的结果。"如果尝试多从他人的角度观察自己，会给自己带来更多看到自己的机会。"既然是这样，我们何乐而不为呢？

你真的会这样做吗？

一次，与一位晚辈谈到他的择偶。

他怨气颇重地说："她的父亲、她的弟弟对我不够尊重！"

我问："她的父亲和她的弟弟对你做了什么？"

他耿耿于怀地说："一次我们逛公园，他俩并肩走路谈笑，仿佛我不存在。"

我问："还有呢？"

他有些气愤地说："她的弟弟买冰淇淋，也不给我要一份。"

我问："还有呢？"

他惊讶地反问："这还不够吗？"

我问："还有更让你难堪的事情吗？"

他恨恨地以不可饶恕的口吻说："有一次，她的弟弟竟然抢先我一步进餐厅落座，要知道我是她家的客人啊！"

我转换方向发问："她对你如何？"

他放松下来："很好，可以说挑不出什么毛病。"

我问："那你现在的决定是什么？"

他坚决地回答:"我在考虑还要不要与她发展下去,我不想进入这样的家庭。"

我问:"与她组建家庭,与以女婿的身份进入她的原生家庭,哪个是重点?两者是怎样的关系?"

他直接回答后一个问题:"相冲突的关系。"

我用轻松的语气问:"假设你去商店买电脑,电脑很好,从功能上、款式上、价格上挑不出什么毛病。但卖电脑的服务员长得很丑,店面的装修也不是你喜欢的样子,你还会不会考虑买电脑呢?"

他愣了一下,毅然地说:"当然!当然要考虑还买不买电脑。"

我淡淡地说:"这是可以的。你有权利这样去选择。"

他有些意外:"所以,我这样考虑与她的关系也是对的,是吗?"

我又淡淡地说:"没有对错。你只需要认清你做决定的逻辑。你只要接受这逻辑就可以了。"

他理直气壮地诘问:"对呀,电子城里哪家店会没有电脑呢?为什么一定要买购物环境不好这家店的电脑呢?"

我说:"是的。不过,她是人,不是电脑。每个人都没有复制品。你确定你刚才的选择?"

他有些犹豫地说:"确定。虽然每个人都没有复制品,但总有更好的人在前方等着我。"

我淡然地说:"你这样想是可以的。你有权利按照这样的逻辑去选择。只是你要认清和接受这逻辑。你确定你刚才的选择?"

他有些赌气地:"确定。难道离开她我就不能组建家庭了吗?"

我说:"你想过没有?固然总有更好的人在前方,但'总有更好的人在前方'这种想法对婚姻真的是一件好事吗?"

他一时无语。

我接着说:"况且以你目前的亲友圈子,你确定会与更好的人相遇?

你确定会在相遇之后还会互相看中?你觉得婚姻是追求更好的人呢?还是追求更合适的人?"

他用探讨理论问题的口吻说:"我确定。当然是追求更好的人。"

我继续淡然地说:"你这样想是可以的。你有权利按照这样的逻辑去选择。只是你要先认清和接受这逻辑,然后再作决定。你会这样做吗?我指的是'先认清和接受这逻辑,然后再作决定'?"

他又有些赌气地说:"会。"

我追问:"你真的会这样做吗?"

他没有回答,眼光躲开了我。

我们静默了好久,然后各自走开。

> **结语**
>
> 很多谈话是会出现难局的。例如对方坚持要那样做。这时候,往往只消一句"你真的会这样做吗?"同时配合眼神的关注、语气的关切、态度的关爱,对方便会踌躇起来,自动进入内心的反思状态。出现这样的情形,最好的继续就是静静地等待。很多时候,提问的目的,不是提问者想知道答案,而是帮助被提问者找到答案;很多时候,倾听的目的,不是准备回答对方,而是向内搜索如何回答自己。

尊重的多重意味

苏老师:"教练技术非常强调尊重,你是如何理解的?"

我:"教练式的尊重有更多重的意味。内心是要帮助对方,但不越界线,始终以对方的真实目标为教练的准星。"

苏老师:"能否说得形象和具体一些?最好打比方来说?"

我："如果你爱吃火锅，不要不征求客人的意见就请他吃火锅，因为他可能就是开火锅店的。"

苏老师："嗯，很清晰的尊重。还有呢？再举一例？"

我："看到一位老人过马路，如果想去扶，一定要先问一句：'您需要我帮您过马路吗？'因为对方可能是专业'碰瓷'的。"

苏老师笑道："明白！有趣的隐喻！还有呢？"

我："如果一个人喜欢养狗，自己便不要当着他的面说狗的坏话；重要的是，如果有人喜欢养老鼠、养臭虫，你也要这样做。"

苏老师饶有兴致地鼓励道："请继续，我喜欢你这种方式的解读。"

我："如果你看到一个40多岁的男人在地铁里向同伴撒娇，千万不要大惊小怪，因为他之前可能是女人；重要的是，如果他之前原本就是男人，他也可能是同性恋；更加重要的是，这个世界的'巨婴型'成年人正在变得越来越多了。"

苏老师："虽是戏说，但深刻！还能继续吗？"

我："如果你的一个熟人只吃肉、不吃菜，千万不要劝他什么，因为道理他都懂；重要的是，他可能不想活那么久。"

苏老师："不能排除这种可能。还能继续吗？"

我："如果你的一个晚辈30多岁了仍然呆在家里'啃老'不肯出去工作，不要劝导什么，因为你难免自取其辱，更重要的是，他可能希望通过这种'啃老'的方式充分地报复父母之后再出去找工作。"

苏老师："啊！忽然觉得尊重他人是有很高的技术含量的一种能力呢！"

我："如果你很尊重的一个人不喜欢户外运动、总蹲在阴暗的角落里玩手机，不要劝导什么，因为你难免还是在自取其辱；更重要的是，他从手机上了解到很多道理，比你多得多，他只是一件道理都不想落实去做。"

苏老师盯着我："我充分怀疑你的这些形容和表述在生活中是有原型

的，是这样吗？你还可以继续吗？"

我："如果你的一位亲人爱财如命，你不要在意，因为他可能很穷；更重要的是，他可能跟你已经不再有亲情。"

苏老师严肃地看着我，不作声。

我："如果你的一位同事不喜欢读书，开会时总睡觉，每天过得像一头猪，也不要劝导什么，因为你永远不知道猪的幸福感是什么样子的。"

苏老师打断我："可以了，懂了。知道吗？刚才你共说出了9种对尊重的生动解读，这真的是我们很多人需要领悟和学习的能力。"

> **结语** 常人对尊重的理解，多以为是礼节、礼貌上的事情。其实，尊重的意味非常丰富。从根本上说，尊重是允许他人自己做选择。教练的任务是帮助对方确认目标，再帮助对方根据目标做更好的方向选择和更佳的方法选择。过程中教练往往只是提问，一切则由对方做最终的决定。

第三辑　遗失的秘密

每个人的内心，都收藏着一份关于自己的秘密。时间久了，自己便忘记了打开这份秘密的密码。很多时候，我们不知道自己想要什么，只是因为隐瞒秘密是一种原始的本能，使我们将打开秘密的钥匙或密码东藏西藏，最后自己也找不到了。但那收藏钥匙或密码的线索，却总有思想或行为上的规律可循。于是，引导师出现了。但引导只是流水，不是流水线。

机智是一种善

王先生，真是一个很机智的人。

有一次在机场，甲方的一个苏丹人指着一位苏丹美女示意王先生看，王先生马上说："是不是很像您的夫人？"

这句话很机智，细细品味，背后是一种善良。作为在苏丹施工的乙方，恐怕这是最得体的回答。我觉得这句话有三点可以学习：一是正向地回应，二是顺便表达对他夫人的尊重，三是就此可以结束话题。

还有一次，一个钻井队长骂王先生，骂得很难听。那时候王先生还是刚刚参加工作不久的年轻人，但已经懂得如何应对老资历的钻井工人。他回应说："我做得不好，您可以责备我，可以批评我，甚至也可以动手打我，但您不能骂我，这既是对我的侮辱，也降低您在我心目中的形象。所以，我警告您不能再骂我！"钻井队长一愣，没再吱声。此后，再没骂过他。

一次，王先生同甲方的一位苏丹男士坐飞机。王先生掏出皮夹子看儿子照片，被他看到。照片中，儿子骑在爸爸身上，这是非常经典的中国父子互动画面。但这个苏丹人怒道："你怎么可以被人骑？"王先生淡定地说："中国人认为母亲是海，父亲是山，我是在教儿子爬山。我很想知道，你是怎样教儿子爬山的？"苏丹人大笑。

王先生对我说："你知道，我接触的苏丹人，大多可以说都是绅士，他们与你打交道更看重你的素养，比如衣着要符合场合，交谈要有幽默感。他们很在意我们是否尊重他们，如果得到他们的认可，那么就会很好地影响到开展业务，对我们是有利的。"王先生与几位酋长关系很好。一位酋长儿子结婚，他应邀去了。酋长甚至派出武装保卫我们的井场。

一次，一位苏丹人拿出夫人的照片，问王先生的意见。王先生说："我猜这照片不如本人好看，对吗？"苏丹人竟然没法反对。

这又是一句问话。问话总是开放的。需要对方动脑才能给出答案。这句话的背后有三点可以学习：一是尊重他的夫人，二是有"图工还欠着工夫"的优美意境，三是不经意间展现幽默感。

但有一次王先生怒了，展现了他的江湖气。一个在苏丹工作过的工人，听说过王先生的大名，打电话给王先生寻求帮助。因为他结束在国外的工作，回到自己原所在的公司，竟然久久没有安排合适的工作岗位。

王先生本不认识这位工人，因为这位工人不属于王先生所在的施工单位，但出于同时期在国外工作的情分，王先生出面协调了这件事情。

王先生打电话给那位工人所在的公司人力资源部经理，说："对海外归来的人，咱们只应该做好安置工作，何况您也在海外做过，应该给回来的人好一点的待遇才公平。如果海外条件好，我们当中会有一大部分人轮不上出国，现在需要人家上战场了，有些人却还说人家挣钱多、素质低，这不是太不公平了吗？"

我对王先生说："你身上有三气：正气、匪气、书生气。"王先生说："您说得真准！我少年时寄住别人家，习惯看人眼色，有些自卑。但自幼习武，脾气也大，在社会上混出些名气。上了大学，又有些书生气。"

他的这"三气"中的"匪气"，在委内瑞拉曾派上过用场。一次，委内瑞拉黑社会的一个头头儿来找麻烦。带来几百人，围住了井场。王先生跟对方客气了几句，招来辱骂——说明书生气此时不管用。王先生英文不错，越过翻译直接用英文骂道："我以为你是个什么英雄，却不料是个笨蛋！"王先生的气势，跟刚才的文弱书生判若两人。对方一时愣住了。王先生接着说："你带来几百人，说明你有点本事。可是，你为什么只知道用这些人打劫犯法，却不知道用这些人帮你做生意赚钱？同时给你的兄弟好的出路呢？"对方被催眠，缓和下口气问："你想说什么？"王先生说："我给你两条路，一条路，我认识你们的总统，不要以为我是可以欺负的！

不信你就试试！第二条路，我可以给你一点土方工程，给你和你的兄弟们一点钱赚。你自己考虑。"

后来，王先生同这个委内瑞拉黑社会的头头儿相处得还不错。对方的母亲过生日，邀请王先生去了。

机智，是积极寻求解决问题的一种表现。

双赢不够，要三赢：你赢、我赢、世界赢。

机智，可以营造非一致性的和谐。

机智的背后，是一种善。

以提问的方式表达善意，则是智慧。

> **结语** 岂止是机智，会提问题，是王先生的一门"利器"。每次危机和考验，王先生几乎都是靠精彩的提问渡过难关的。"我很想知道，你是怎样教儿子爬山的？"这句出人意料的提问，让人联想到苏丹沙漠广袤的地理特征，倒是不失为很好的暗示给那位苏丹人的一条建议呢！

回答段老师的提问

一次，段老师在微信里提出了一个假设：生命就是关系。

然后，他问了4个问题："为什么说生命就是关系？关系有哪些内容或层次？企业内训在关系中的焦点是什么？企业内训师的焦点在关系中的哪个位置？"

这些问题比较难回答。

我是这样回应的："马克思说，'人的本质，就现象来说是其一切社会关系的总和。'可见，马克思很强调人的社会属性。关系这个词，西方有自己的解读，中国人往往是从人情、伦理上讲的。你的第一个问题，为什么说生命就是关系？因为就人类而言，生命的过程在生产与科学的实践中体现价值，是在群体中完成的。你的第二个问题，关系有哪些内容和层次？这个很多，主要有：人与自然的关系、人与人的关系、人与自己的关系。至于层次，从社会定位与自我定位两大系统中可以细分出很多。你的第三个问题，企业内训在关系中的焦点是什么？主要是：确定人群（或称工作对象）、确定问题（包括组织使命与个人目标等等）、确定方法。你的第四个问题，企业内训师的焦点在关系中的哪个位置？我想说企业内训师的来源必须是企业内部的管理专家或技术专家，他们必须是优秀的岗位实践者，作为内训师则主要有三个定位（或称角色）：信息（主要指案例）传递者、成果（主要指经验）分享者、精神（主要指信念）感染者。"

因为是在微信里回答提问，所以只是概括性地表达意见。但这些意见，却是源自实践、发自内心的声音。

> **结语** 如果没有提问，便没有答案。高质量的提问，当然会带来高质量的答案。正所谓："你若不问，我亦不知。你若发问，我便得知。"

责任心从哪里来？

一次，一位经理向我抱怨员工责任心不强。

他的公司有500多名员工。

我问："想想你的哪些部门或分公司员工的责任心是强的？"

他便点了几个部门和分公司。

我又问："这些部门或分公司的主任、经理们有什么特点？"

他说："责任心强。"

我问："还有呢？"

他又说："他们很尊重员工。"

我又问："还有呢？"

他想了想，说："他们对员工的特长很了解，能够用人所长。"

我问："我是不是可以这样总结你刚才讲的，员工责任心从三个渠道得来：第一，来自领导者的责任心；第二，来自领导者的尊重；第三，来自领导者对员工特长的赏识或不断刺激。可以这样总结吗？"

他颇有意味地笑了，说："是这样的。我懂了。"

> **结语** 管理者遇到难题的同时亦拥有答案。只需几个提问，便可帮助他找到答案。

要舍得给下属时间

2011年春季的一天，我正在忙，进来一位年轻的中层干部。

她显然很想和我谈谈，我决然放下手头的工作，拿出大把的时间给她。

"那主任，参加'知行式学习'第一次总结会后，我突然有一种预感，如果这种培训方式试验成功，将具有里程碑式的意义。它才是真正意义上的高品质培训，将成为我们实现'做高品质培训'目标的重要标志。"

"你听到或看到了什么？"

"在'知行式学习'的总结会上，当我听到洪老师、陶老师和您对当时您主持学习过程的还原，我强烈嗅到这种培训方式的高品质味道，感受到它的高品质的气息和特征。"

"那么，你觉得什么是'高品质培训'？"

"您来当主任之后，一直在倡导'做高品质培训'。但您从来没有给'高品质培训'下定义，您只是说过一些项目具有'高品质培训'的某些特征。我曾观摩和了解过，但说实话，我认为这些培训项目大多只能改变学员一时，不能真正彻底改变一个人，持久性不强。换句话说，当时热闹，过后冷却。"

"那你说说，我们应该做什么？"

"也许我的认识是有偏差的。我认为只有那些直指人的灵魂深处，涤荡心灵，能够改变人的价值观，甚至是重塑价值观的培训，只有那些持久性强、经得起时间考验的培训才是高品质的培训。就像解放战争年代，为信仰不惜牺牲生命的共产党员，我们党对他们的教育或培训是成功的。"

"你是说应该侧重信仰、价值观的培训，那么我们应该怎样做呢？"

"我们都知道，培训主要是三个层面：态度类、知识类和技能类培训，现在又增加了心理类。其中，态度类培训是最高层次的培训，也是最难做的培训。想改变一个人的想法，是非常不容易的。将一个想法移植到另一个成年人脑袋里，是更不容易的。如果我们能用一种工具或培训方式实现它，这种培训的力量就是非常强大的，就应是最有价值的。"

"在你看来，'知行式学习'就是这样的工具吗？应该如何做下去？"

"我理解，'知行式学习'的出发点不是功利的，而是通过循序渐进的方式不断给人输入正能量，通过量的积累达到质的改变，最终实现心智模式的改善，重塑价值观。这是境界最高的培训方式。它以一个最迫切需要解决的问题为切入点和抓手，通过学员在生活和工作中自学、自悟，达到自行、自成，最终让学员彻底明白自己才是问题的制造者、问题产生的根源。同时，通过培训师在整个培训过程中不断地引导和启发，也让学员坚信只有自己才能从根本上解决自己的问题，只有自己才是解决自己问题的最佳人选，自己的梦一定是由自己来圆的。"

"你讲得很好，能说得再具体一点吗？"

"我根据自己的理解，建议您在培训中——今后应尽量避免使用'培训'这个词，这个词听着功利——重点关注四个方面：学员所处的环境分析、学员的性格分析、学习的氛围营造、培训师的角色定位等。"

"那你先说说学员所处的环境分析？"

"每个人都是环境的产物，他的问题也应该是那个环境下的产物，家庭、单位和朋友圈子等。所以，如果我们只是帮他简单、机械或'一厢情愿'地解决了某个问题，持久性不强。也就是如果单纯地解决了一个问题，不过就是给他一个方法，而没有从方法论的角度帮他解决问题。"

"那学员的性格分析呢？"

"性格即命运。他今天的问题跟他的性格一定有很大的关系。所以在整个培训中，重点是培养他们健康、健全的人格，这一点至关重要。不过，我还没有想好。"

"很好，那学习氛围营造呢？"

"就是我们的培训环境，是不是学员喜欢的？这很重要。只有让他感受到安全、舒服、宁静和自由，才会达到好的效果。这一点，我感觉您注意到了。"

"关于培训师的定位呢？"

"培训师一定是像您这样，愿意为别人付出真情，有爱心、细心、善于沟通、积极的、阳光的。这样，学员才会信任他。"

"你讲得很具体，谢谢你！真的很动脑筋。"

"我说了半天，好累哦！非常感谢您！给我这么多时间。"

抛出问题并不累，回答问题才会累。

但这种累也是一种解脱。

肯给你的中层干部大把时间让他去表达内心的感受或想法，往往是最有效的沟通，同时也是最节省成本的培养。

> **结语** 提问，能够帮助一个人很好地表达他的想法。舍得把时间给下属，既会使下属心情舒畅，又会增进感情，同时通过提问去获取下属的智慧、锻炼下属的思考力，算得上是"一石四鸟"。

学会跟自己的经历对话

一天，一位年轻人在微信里对我说："我永远无法预测别人如何回应我，所以我永远不可能让所有人喜欢我。"

我问："为什么要所有人喜欢你？要所有人喜欢你，为什么这么重要？"

年轻人说："您是说我在讨好别人吗？"

我接着问："有些你是可以预测的，那些可以预测的是什么？想想看，你是怎样学会的？"

年轻人说："是的，从经历中学会的。"

我问："那些不能够预测的，怎样才能学到？"

年轻人说："创造经历，可以学到。"

我问："如果每一次你都可以准确预测，会有什么样的感受？你对将来还会有什么期待？"

年轻人说："开始会兴奋，慢慢会觉得无趣，会失去好奇。所以，我不必追求每次都可以准确预测。"

我问："还有问题吗？"

年轻人说："没有了。"

但是，第二天，年轻人又拾起前一天的话题，说："但是无论怎样，别人都不会像我这样对他们那么好，这样比较释怀。"

我问:"为什么?"

年轻人说:"我关注自己的感受多一些,对自己好很多。"

我问:"在你的儿童时期,发生了什么?让你很在乎别人是否喜欢你?"

年轻人说:"小时候,父母总是说快点这样做、快点那样做,否则就不喜欢你了。"

我问:"你现在对自己的孩子也说这样的话吗?"

年轻人说:"偶尔会的。我要推翻过去才会好起来吗?"

我说:"是的,但不能称为推翻。只是在原来的基础上,觉察、更新、改善。"

年轻人说:"是非两分,怎么不是推翻?"

我说:"承认事实,尊重发生的,才会成长。"

年轻人说:"可是,事情总有是非之分呀?"

我说:"你知道,逻辑脑并不能解决所有问题。为什么不尝试使用潜意识?跟自己的经历对话?跟自己的内心对话?跟自己的潜意识学习?"

年轻人说:"夜深人静的时候,自言自语?"

我说:"最好不出声,那一定更有趣。"

> **结语** "为什么这件事对你这么重要?"确认目标或价值。"对你所擅长的,你是怎样学会的?"回顾成功经验。"对你所不擅长的,怎样才能学到?"基于成功经验面向未来构建方案。"在你的经历中,曾发生了什么?让你产生了这个想法?"寻找创伤或成功的源头。每个人都需要学会从自己的经历中重新学习。

催化师、拳王与军训

2015年12月底的时候,我在中国大连高级经理学院举办催化师训练班。

在微信里同行们问我:"这些学员怎样?"

我简洁地回答:"他们很饥饿,状态很锋利。"

同行们纷纷对我的用词表示惊讶。

其实,"饥饿""锋利"这两个词在近几年的拳击界很流行。很多拳王都喜欢用这两个词描绘大战前自己的状态,他们也会用这两个词描绘他们所欣赏的拳击手。此刻我借用过来,没想到效果竟然这么出奇。

特别是当记者们追问拳王们想夺得几条金腰带的时候,拳王们还经常讲的一句话就是:"没有想过,我只关心下一战的对手。"所以,我也经常在课堂上跟学员们讲:"聚焦当下,才有未来。"

大连的课程刚刚结束,中国石油广州培训中心的一位老师也想做这个项目。但是,当这位老师听说这个训练班规定学员只有15名的时候,提出安排30名旁听生。

我说:"训练课程无法使旁听生有更大的收获。"

这位老师显然并不同意,说:"如果课程好,旁听生也是会有收获的。"

我问:"假如旁观他人军训,你觉得会有多大收获呢?"

这位老师笑了,不再坚持。

我的反思:跨界借用词汇,有时相当有趣;学会用隐喻沟通,有时胜过就事论事。

> **结语** 催化师、拳王与军训,看似不搭界,贯穿在一个故事中,却浑然一体。是将什么串联起来成为一个故事呢?是相似性。所以,将相似性找出来,便能将不同的事物驾驭在一起,表达一个完整真实的、妙趣横生的故事。

遗失的秘密

每个人的内心,都收藏着一份秘密。

时间久了，自己便忘记了打开这份秘密的密码。

一次，一位编辑在微信里通知我应该取稿费了。我顺便关心一下她的终身大事，她说："我还不知道我想要什么呢！"

我便说："好吧，我来问你几个问题好吗？"

她说："好啊，愿意和您聊天。"

我说："不用回答我，但要写出来给自己看。可以吗？先写下若干喜欢做的事，不拘什么，写在纸上。"

过了一会儿，她说："写好了。"

我说："好的，问问自己，这些事情为什么这么重要？回答给自己，要念叨出声。然后，选择一个可以去掉的，用笔划掉。"

她问："好的，还要一个一个地划掉吗？"

我说："是的，并且要大声告诉自己去掉的理由。直至再也去不掉。当然，也可以写上又想起来的喜欢做的事情。"

她说："4个，再划掉1个，还有3个，我觉得这3个都不能缺。"

我说："好的，看着这3个事情，体会这些事情，到底带给你什么？三个事情，按重要程度，标上1、2、3。"

她说："好了，标上了。"

我说："然后给每个事情写上3个价值。现在想想，还可以写上比这3个更喜欢的事情吗？"

她说："没有了，想不出来了。"

我说："好的，现在将3个事情的9个价值，归纳成两三个词。这两三个词是升华、抽象、提炼出来的。"

她说："好的，我想想，有点难。"

我说："想好了，告诉我这两三个词。"

她说："安全感、精力，就是这两个词。"

我说："好，然后问问自己，愿意和谁一起完成或达到这些？"

她说："身边没有，只有我自己。"

我问:"是否愿意和一个人用一辈子时间去得到这些?"

她说:"愿意。"

我说:"好了,这就是你想要的。"

她说:"我心底最渴望的!"

我问:"真的是吗?"

她说:"真的,不过我对安全感感受很深、很明显,对精力却没有清晰的感受,有些模糊,这是为什么呢?"

我问:"那么,问一下你自己,你想用精力做什么?"

她说:"唔,是这样的?那我想想。"

我说:"重复之前做的,写下几件想用精力做的事情,然后一个一个地划掉。"

她说:"好的,哦,知道了,我想我明白了。"

我问:"知道精力的含义了?知道自己想要什么了?"

她说:"很清晰,您的方法很好,目标明确,谢谢您!"

能这样帮到她,我很高兴。

很多时候,我们不知道自己想要什么,只是因为隐瞒秘密是一种原始的本能,使我们将打开秘密的钥匙或密码东藏西藏,最后自己也找不到了。但那收藏钥匙的线索,却总有思想或行为上的规律可循。

> **结语**
>
> 不知道自己想要什么,这几乎是所有人不愿公开的一个秘密。人们喜欢做的事,未必是他清醒的时候认为有价值的。将他清醒的时候所认定的每一样事物中的价值都陈列出来,他一定会吃惊地望着这份长长的清单。假如再让他将这份清单提炼出几个关键词,这实在是难为他,但给他充足的时间他会做得到。剩下的事情就简单了,那就是他想要的。如果他还不甚明白,此时只需问他:"请你看着这几个你自己提炼出来的关键词,然后问一问自己:我应做些什么?来得到这些?"

野鸭子的连续剧

我刚刚到油田热电厂担任党委书记的时候，很少召开会议听取汇报，而是经常会参加一些班组的生产例会或检修活动。

某日下午，我到电气分厂继电保护班组参加生产例会。

会后，跟大家座谈了一会儿。

一位脸上长满青春痘的青年男员工说："我不是当领导的料，我愿意钻研技术，解决别人解决不了的技术难题，这让我有成就感和幸福感，但我总感觉并没有得到大家的认可。"

我说："当领导也好，当工人也好，前方的终点都是共同的，是什么呢？"

他茫然。

我说："坟墓。"

大家笑着点头。

我面向大家说："大家的目的呢？也是共同的，是什么呢？"

大家茫然。

我说："要得到幸福。"

大家笑着点头。

我又面向那位青年男员工："所以，不论当领导还是工人，都必须使自己幸福。我给你讲个故事吧。在我们北方的一块人迹罕至的山区，有一个美丽的天池，池中有一群野鸭子自由自在地生活。野鸭子们下蛋，孵化小野鸭子，黄绒毛的小野鸭子生下来就会游泳，学习捉水里的鱼儿，很快就长大了。慢慢地天气冷了，树叶黄了，金黄的树叶飘落在碧绿的湖面上。秋天到了，蓝天高远而清爽。一天，野鸭子们嘎嘎叫着，成群结队地飞往南方。很快，下雪了，湖面结冰了，积了厚厚的一层雪，漫漫长冬来临了。几个月后，春风吹来，树叶渐渐绿了，湖面也解冻了，远方传来嘎嘎的叫声，野鸭子回来了。去年的小野鸭子已经成年了，也像当年的父母一样在这里下蛋、生小野鸭子。年复一年，野鸭子们过着这样无忧无虑的生活。你说，这些野鸭子幸福吗？"

所有人都听得出神，男青年自言自语似的说："幸福。"

我看着他的眼睛说："可是，这些野鸭子的幸福需要谁来认可吗？"

男青年赧然而又释然地一笑，说："是的，我的幸福也不需要谁来认可。"

大家此时都心领神会的样子，也跟着放松地笑了。

这时，又一个青年女员工说："这几年我们油田的职称评聘政策真搞不懂，总变。我原本是黑龙江大学英语专业毕业的，在管理岗，主要工作是用电脑整理资料，这专业不让评职称，我就又读了计算机本科，还不让评，说我的岗位不是信息岗位，不干本专业的都没资格评，我很失落！我真没办法了，只好混日子吧。"

我说："据我所知，我们油田原则上很少招收英语或计算机专业的毕业生，电厂更不可能招收。所以，你应该是油田子女吧？能分进电厂来已经很幸运了，外面多少硕士都找不到工作呢。我可以继续讲野鸭子的故事。有一年，这个山区的地质发生了变化，天池的水漏掉了，偌大一个池子几乎没有水了，野鸭子们从南方回来后，发现曾经美好的家园面目全非，池底长满杂草，都很伤心，一些野鸭子陆续地飞走了，剩下的几只不愿意离开，它们搞不懂，为什么会变成这样？几天后，终于只剩下一只野鸭子，这只野鸭子不甘心这么美好的地方不再是自己的家了，想不通，很失落，感到没有一点办法了，对未来失去信心了。又过了几天，这只野鸭子没力气了，简直快要死了，这时它突然发现，它脚下石头缝里有一只蛋，仔细一看，是去年没有孵化成功的蛋，已经破壳了，里面有一只未成形的小野鸭子！这只野鸭子突然意识到，啊！我还活着，活着的感觉原来这么好！

自己应该好好活着,应该去寻找新家。于是它鼓起勇气,振动翅膀,用尽最后的力气,一飞冲天,去寻找新家。"

我把目光转向了女青年,问她:"你说,野鸭子们是不是只有在这个天池里才能得到它们想要的幸福?"

这名女员工笑了,说:"我也应该找回信心,重新确定自己的方向。"

大家听得有些来劲儿,这时又一名壮实的青年男员工说:"每次设备坏了,厂家来维修的人只管维修,却都不告诉我们核心技术,我很苦恼。"

我问:"如果你是他,你会告诉吗?"

他很爽快地说:"也不会。"

我又问:"话说回来,你怎样做他才会告诉你?"

他挺有经验似地说:"慢慢套他的话。"

我说:"你看,你是有办法的,而且我相信你不止有这一个办法。我可以继续讲野鸭子的故事。这只最后离开天池的野鸭子来到了一处低洼的水池,环境很好,只是有点小,而且已经有很多野鸭子在这里安家了,其中有几只儿时的伙伴还装作不认识自己呢。这些野鸭子都排斥这只新来的野鸭子,不让这只野鸭子加入。这只野鸭子很苦恼,试了几次都不行。后来便开始慢慢套近乎,比如送一条小鱼儿给这里最有威信的野鸭子吃,还替一些有头有脸的野鸭子义务垒窝。没几天,这只野鸭子便成了这群野鸭子的一员,而且地位还挺高,不久就有了自己的伴侣,生了一群小野鸭子。"

这名男青年嘿嘿地笑了,大家也心照不宣地笑了。接着,这名男青年在我的不断催问下,一口气讲了7条套话和偷技的办法。

座谈结束的时候,一直沉默不语的班组长忍不住好奇地问我:"那书记,你刚才讲的野鸭子的故事都是真的吗?"

我反问他:"你觉得呢?"

众人大笑。

班组长也笑了,摸着头有些认真地说:"怎么感觉跟真的似的呢!"

我对这件事情的反思：能给出一个带有画面感的故事，就不要讲干巴巴的道理。党委书记通过隐喻的方式做思想工作，会事半功倍。

> **结语**
>
> 每个人的人生终点都是坟墓，而过程中认定的目标都是幸福。"可是，这些野鸭子的幸福需要谁来认可吗？"小伙子被这句提问猛然间从沉浸的童话故事中拽回了现实，瞬间打开了心结。"你说，野鸭子们是不是只有在这个天池里才能得到它们想要的幸福？"这句提问，也使女青年自己找到了答案。"那书记，你刚才讲的野鸭子的故事都是真的吗？"班组长的困惑来自于惊讶，他惊讶为什么几个故事就轻松解决了他几位下属的难题。"怎么感觉跟真的似的呢！"这其实是班组长对故事的逼真及提问的技巧所发出的由衷赞叹。

临别，赠人以问

古人说：临别之际，赠人以车，不若赠人以言。

一位年轻人要辞去油田的一份安逸稳定的工作，去私企打拼。恰逢我从北京回到大庆，我从既要护理患病的岳母、又要陪伴母亲的繁忙中抽出宝贵的一个下午，应邀与这位年轻人在咖啡馆里聊了两个半小时。过程中，我感觉有几个问句触动了年轻人。

我针对这位年轻人一贯的强势，说："为什么不去偶尔示弱一下，给亲友们一个帮助你的机会呢？让亲友们获得成就感，这样不是可以加深你们的亲情与友谊吗？帮助他人，就是对自己最好的治疗。"

过程中，这话我也重复使用了三次。到第三次的时候，年轻人若有所思，眼神中闪现一丝暗淡的光。

谈到在新的工作岗位上可能遇到的困难，我提到我们共同认识的几位同行，然后说："为什么不去尝试信任他们？在遇到困难的时候，在微信里向他们求助？请他们提供专业性的建议？帮你出一个主意？我相信他们一定会向一位主动求助的人施以援手，尽管你们平日很少交流。"

过程中，这话我重复使用了三次。也是到第三次的时候，年轻人若有所思，眼神中闪现一丝暗淡的光。

联系整个谈话过程的语境与气氛，我判断年轻人眼神中两次闪现的那稍纵即逝的一丝暗淡的光，代表着反思与接受。

这个下午跟我陪伴母亲与护理岳母一样，都是值得的。

还有，重要的话要说三遍。

> **结语**
>
> "为什么不去偶尔示弱一下，给亲友们一个帮助你的机会呢？让亲友们获得成就感，这样不是可以加深你们的亲情与友谊吗？""为什么不去尝试信任他人？向他人求助？"对一贯强势的人，这是两句很好的发问。

现场发生的，就是应该发生的

一次，给一位病患做治疗。

我在现场放了三把椅子，请他坐在第一把椅子上。

我请他去观想一幅画面，画面里有他不能接受的、期望此刻就得到处理的一件事情，然后让画面动起来，成为观看电影模式。过程中，我引导他观想、重温、觉察电影中的一切细节，特别是电影中自己的样子。我观察着他的表情变化，然后请他坐在第二把椅子上。

我请他坐在第二把椅子上，以一名观众的身份观看第一把椅子上的自己，以同情心去体会，为电影中每一个片断整合出一个主题。我在他的脸上、肢体上没有看到我想要的东西，现场出现了空白，此时我必须创造出新的、符合他思绪的情节。于是，我引导他想象椅子左边和右边各有一位观众，问他希望是什么样的人？怎样交流？他们会说些什么？我又描绘出这里是怎样一个电影沙龙，来的都是京剧迷一样的高素质人群，喜欢反复观看一部电影，交流心得。这些情节加入后，我看到我想要的东西出现了。

我请他坐在第三把椅子上，以放映员的身份观看第一把椅子上的自己和第二把椅子上的观众。过程中，我创造了放映员助手的角色。这位助手是一位美女，嗓音甜美的小姑娘，然后加入幸运观众抽奖、乘坐热气球升空、电影拷贝将存入仓库、放映员也将像这个拷贝一样退休、美女助手将接替放映员的岗位等情节完成了这个环节的工作。

根据病患的反应，我又创造出了导演位，请他以导演的身份上台与观众互动，请他讲话、签名、与观众拥抱。最后请他重拍这部电影，为主题创造一个新的意义。

治疗结束后，我看到他的变化。但我知道，若非过程中不断创造新的情节，那些本应该发生的是永远无法发生的。这些创造的发生，本身也有必然性——换句话说，现场发生的，就是应该发生的。

> **结语**
>
> "你不能接受的事情是什么？""你期望此刻就得到处理的一件事情是什么？""假如你的难题生动起来成为一部电影，请你从主人公的角度观看一遍，你此刻感受到什么？""又假如你是观众，你还带来你最敬重的两位朋友或心目中的成功人士，你们分别会怎样看待或诠释主人公的遭遇？""假如你是电影的导演呢？你决定如何重拍？为什么？"这些提问，足以使人陷入各种情境，从而整合出一个崭新的意义，来治疗创伤甚至冲击或改换自己的人生信念。

抵抗来自……

小兰在微信里跟我说:"有一位学者型领导要见您。"

于是,我们三人相约在书店楼上的咖啡厅见面聊天。

这位先生年长我两岁。

聊了两个小时,我对他的印象很好:博学、知礼、有坚定的信仰。

但是,当他有困惑向我咨询的时候,我发现竟然很难影响到他。

尽管他很虚心,尽管我很尽力。

这是一种成熟的抵抗。

他储存着信念、思维模式与方法论的系统,已然牢固建立。

他今天的成就,已然成为形成这种抵抗的重要元素。

倾听的意识,决定着倾听能力。那么,倾听的意识来自哪里?

没有经历,就没有意识。倾听的意识,当然是从经历中来。

我近年来的经验告诉我,倾听的意识可以从训练中来。

专业性的训练,是在弥补你欠缺的经历。

回到家里,我翻开一本书,行动学习之父雷吉·瑞文斯说了一段话,大意是这样的:如果不能从无知开始,不能从承认不足和不知道开始,则难以学习;如果不能对自我诚实,不知道什么是一个诚实的人,不知道需要做什么才能成为这样的人,则难以学习;如果不能在学习之际承诺采取行动,仅仅是当听众,则难以发生真正的学习;如果没有重视友谊的精神,不懂得一切有意义的知识是为了行动以及一切有意义的行动是为了友谊,则难以在团队学习中有所收获;如果不能以在世界上行善为目的,不懂得做一点善事比写一本书要好得多的道理,则难以产生真正的学习。

这时，小兰在微信里发来几段话："坐他车回去的路上，他说很受益，很高兴的样子，并且他说如果只有你们两个人聊天会更好。他一向极少认同谁，他说今天感觉很舒畅。您的印象呢？"

我回复说："他给我的感觉很好，我钦佩他在今天这样的环境中仍有坚持！他是很有信仰，同时很有勇气的一个人。"

小兰："是这样的，您感觉出有什么问题吗？"

我老实地说："他比较固化自己的想法，我的话很难渗透进去。"

小兰："他是一位好领导，他不怕困难，可能只有您能走近他的心里。"

我说："我建议他在组织中尽快改造和建立健康有效的学习生态系统，我向他提供了一些诸如行动学习这样的方法，因为我感觉到他对组织内不思进取的人有些束手无策。"

小兰："但我能感受到今天他轻松的心情，这是极少有的。您知道吗？他竟然同意与我到我的妈妈家同我的家人吃了一顿家常便饭，这是第一次！他说，他希望今后能和您多交流。"

我想，我还不能仅从对方的表情上判断今天的谈话效果。

只能说，他很深沉。

> **结语** 越是成熟的人，越是难以学习。在心灵层面，尤其如此。在面临突破的时候，更是如此。啊！让学习真正地发生，真是难啊！也许，像一名本科生一样补充一些新的知识，是天下最简单的事情了。

五级落地

一次，洪老师在微信里问我："用通俗的话讲，什么是五级落地呢？

最好配合案例来说明一下？"

五级落地是我发明的一个工作分析模型，我们一起共事时经常使用。

我说："真巧，前几天，我给段老师举例说明过。"

洪老师说："我知道。再讲一下吧，换个实际点的案例，生活中的。"

我说："好吧，我在油田组织部工作期间，对下属有个'约法三章'，举这个例子行吗？"

洪老师说："什么'约法三章'？"

我说："第一，不许加班；第二，上班时间给家人打电话必须和气动听；第三，重要工作结束后必须在两日内开总结会。"

洪老师说："强烈喜欢第一条！说详细点吧，这和五级落地有什么关系呢？"

我说："这个'约法三章'，就是五级落地呀！"

洪老师说："那您能说出另外的四级吗？一个一个地说？"

我说："这个'约法三章'，就是第五级，最落地的。但是，都指向前四级。譬如你所感兴趣的第一条吧，'不许加班'对吗？它的第一级，聚焦主业；第二级，讲求效率；第三级，提高能力；第四级，分工合作。这就是'不许加班'的上四级。"

洪老师："那就是说第一级是价值观？又好像不是吧？聚焦主业算是价值观吗？"

我说："是的，否则还要分出更多层级才能落地。聚焦主业就是价值观，很多业内人士并不清楚重点应该做什么，当前的每个行业都是如此。"

洪老师说："帮我温习一下，五级落地中每一级的标题或者说定义？"

我说："第一级，使命、核心价值观、战略；第二级，原则、基本观点；第三级，工作要求、工作标准；第四级，方法论、常规方法；第五级，超常规的、创新的、量化的、具体的措施。"

洪老师说:"那'打电话要和气动听'这条呢?上四级是什么?"

我说:"第一级,幸福是终极目标;第二级,家人优先于工作;第三级,训练自己的耐心;第四级,以小见大。这就是'上班时间给家人打电话必须和气动听'的上四级。"

洪老师说:"这个好!懂了!不用再讲了。'不许加班'那一条不如这个好理解。"

我说:"'打电话要和气动听'这条针对性很强,当时我们部里的风气是非常传统的,经常是每天忙得不可开交,接家人电话很不耐烦,这不好,我要抓。五级落地这个模型是我前些年经常讲给你们听的,在培训中也经常用,怎么这次又来问呢?"

洪老师说:"温习一下嘛!"

我说:"注意,这个'约法三章'是有特定背景的,不能理解为可以挪到其他场合也适用。"

洪老师说:"为什么?"

我说:"一个组织的文化不同,就应该有不同的'约法三章'。"

洪老师说:"比如呢?"

我说:"比如到了咱们培训中心,我的'约法三章'完全不是原来那个了。"

洪老师说:"那是什么?"

我说:"第一,不吃请;第二,不听小报告;第三,做经常听课、讲课的主任。"

洪老师说:"您做到了。学习了。"

我说:"这个新的'约法三章',也是第五级,最落地的。五级落地,重要的是花精力在第五级上,但必须指向和印证前四级。"

洪老师:"懂了。"

我相信,这个新的'约法三章',不需要我逐条解释。因为,洪老师多年在这里工作,能够从组织文化的角度分析,自己会得到结论。

我的反思:提问题、讲故事,要胜过只讲干巴巴的道理。

> **结语**
>
> "五级落地"是很有用的工具,它能将一切事物结构化地呈现,化混沌为清晰,化复杂为简单,使人更加聚焦于最能够解决问题的具体的、超常规的、创新的、量化的措施。"用通俗的话讲,什么是五级落地呢?最好配合实际点的、生活中的案例来说明一下?"正是有了这句提问,才有了这样几个"接地气"的小案例的呈现,比较之前所用的"高大上"案例,更易让人明白。

又谈五级落地

有一段时间,群里经常有人谈及五级落地。

我:"为什么我的'约法三章'会管用那么多年?"

张老师:"领导提出来的,所以持久。"

我:"所有领导提出来的都会持久吗?"

张老师:"在没有规则的领域,谁先制定规则就会优先得到固化。"

我:"在没有规则的领域,谁先制定规则都会优先得到固化吗?"

张老师:"对自己提出来的容易成立,对下属提出来的不容易成立。"

我:"真的是这样吗?"

张老师:"我刚才是以村姑的身份回答的。"

我:"你怎么知道村姑会这样回答呢?"

张老师无语。

田老师:"因为从小处着手,才见大效果。"

洪老师:"因为落地性好,易操作。同时贯通性好,从价值观到行为都打通了。"

段老师:"因为高度聚焦,有效处理了诸多关系与习惯,使工作、生活、学习相互支撑,系统达成平衡。"

我:"还有呢?能解释具体点吗?"

段老师:"训练如何成为人。有反思才会有效。"

卢老师:"1. 是什么促动您要'约法三章'?2. '约法三章'落实过程中您最真切的内心感受是什么?3. '约法三章'激发了您关于人性怎样的思考?4. 为什么解决大问题的往往都是最简单的最朴素的方法?5. 是什么让我们舍本逐末?6. 如果'约法三章'是一面镜子,您从中看到了怎样的您?请用三个关键词概括一下?7. 如果这些管用的方法都有生命,这生命的灵魂是什么?"

我:"提问很有力量!我喜欢第四问。"

段老师:"我每个都喜欢!"

卢老师:"真对不起,我想了很久也无法想出答案,但是促动我想出了这七个问题。"

我:"我可以回答一下这七个问题。1. 变革的决心;2. 战胜巨大困难过程中时常出现的快意;3. 人的愚顽与灵性并存;4. 因为王阳明式的学者几近珍稀,学生上当不断,人们误入歧途;5. 装蒜与功利;6. 杀伐决断、无畏、精准;7. 爱。"

卢老师:"听了您的回答,我现在似乎有了一点答案,那就是生命可以影响生命,可以感召生命,这恰是一位老师应该做到的。身教,是最管用最直接最朴素的工具、方法和技巧。"

我:"'约法三章'有四个特点:1. 每条都很具体、很明确、很落地、不用解释就明白;2. 每条都很简单、不难;3. 只有三条,很少,仿佛攻城,'攻其一点,不计其余',城破则可,所以不难做到;4. 只要做到这三条,其他事情会发生改变!"

张老师:"只要做到这三条,其他事情会发生改变?"

我："是的，这一点是要义。按照量子力学的说法，只要做到一个小点，其他若干事情会'同时在不同地方发生改变！'这个'同时'，是指瞬间。"

张老师："同时！"

我："结论是什么呢？"

卢老师："结论是只有正确的人，才能做正确的事，才能把事做正确。"

韩老师："行为小到不可再小，好执行。简单的才是最有力量的。"

我："为什么在很多组织中几乎很少发生变革？"

韩老师："变革意味着组织中的每个人都要发生改变，而人的天性是努力抗拒改变。"

卢老师："为什么一定要变革？什么需要变革？什么不需要变革？"

洪老师："变革是一种自我否定，需要勇气。"

段老师："因为无力变革。为什么无力？找不到发力点。为什么找不到？注意力分散。什么让注意力分散？妥协。妥协如何发生？恐惧。恐惧什么？变。"

我："是的，透彻。"

张老师："您认为结论是什么呢？为什么很多组织很少发生变革？"

我："结论是平庸的组织不会将任何一件小事抓到极致，有作为的组织通过将一件或若干小事抓到极致而扩展至整个系统发生改变。之所以很多组织很少发生变革主要有两点原因，一是很多组织领导者从根本上并不理解什么是管理，二是他们通常以为讲得高、铺开大、抓得全，就是方向，就会管用。"

> **结语** 管理就是实践。管理就是以成果为导向。管理就是管理核心价值观。管理就是用绝大部分精力做好一、两件事情。管理就是善于从小细节抓出大效果。

孩子执意要回家

一个孩子在外地医院照顾生病的奶奶，忽然提出要回家住一天，让自己的父母在医院陪护奶奶。

我问他："为什么要回家？"

孩子："我需要回家休息一天。"

我："来回要坐几个小时的火车？就为了回家去休息一天？为什么不在医院休息？你们不是在病房的楼上有三个房间可以休息吗？"

孩子："感觉不一样。"

我："哪里不一样？"

孩子："在医院里总感觉是我耽误了奶奶，没有及时送医院救治。"

我："为什么让过去的、不能更改的事情困扰现在的你？"

孩子："因为——"

我："现在的重点是什么？"

孩子："护理奶奶。"

我："还有呢？你的父母呢？"

孩子："他们很辛苦，也需要休息。"

我："那么，你还是决定要回家去休息？"

孩子："那么，我也可以不回去。"

第二天，孩子回去了。

两天后，他回来了。

我问："你说过可以不回去的，但还是回去了？"

孩子："是的。"

我："为什么？"

孩子："有些事情要做。"

我："好吧，你也许有更重要的事情要做，比如你在家里会想清楚一些问题，是吗？"

孩子："是吧。"

孩子的想法，会像弹簧。加之外力，可以弯过去，但失去外力，它还会弯回来。或者顶多像不倒翁，可以推倒，但松开手，它就会弹回来，然后在那儿反复地摇晃一会儿。

其实，我看到孩子在陪护奶奶的过程中，已经发生了明显的变化。陪护奶奶，就是在治疗他自己。也许，他在今后的生活中仍然需要很多这样的事情来磨砺自己，才会懂得他应该懂得的事情，才会慢慢成熟起来，能够担当起自己的责任。

马上就是农历春节了，他将27岁，目前没有出去找工作的迹象。

也许时候还未到。

> **结语** 人的成长，相对于人的寿命，简直太过漫长。但与其说这是上帝对人的惩罚，不如说是激励。因为，登临山顶的一瞬，足以补偿攀爬中的一切艰辛与困苦。沃伦·本尼斯有几句很好的发问：你是谁？你想成为谁？周围的世界认为你是谁？周围的世界想要你成为谁？

当孩子说他什么都懂

还是那个孩子。

在他决定要回家休息的前一天，我建议他与我认识的一位老师聊聊，请他自己做决定是否愿意。他从家里回来之后，我等了几天——我们每天在医院里见面——我终于问他想好了没有。

他说:"不想聊。"

我:"什么时间决定的?"

孩子:"回家之后。"

我:"那为什么今天我问了你才告诉我?"

孩子:"等你问了再说。"

我:"有没有想过,我在等你的答复?迟迟得不到答复时我的感受?"

孩子:"会有点伤心吧。"

我:"为什么知道这一点,还选择沉默?"

孩子:"这正是我一贯的行为,不会改变的。"

我:"为什么保持这样的行为特点对你这么重要?宁肯让别人伤心?"

孩子:"你不用引导我。"

我:"引导有什么不好?"

孩子:"我什么都懂,只是——"

我:"只是什么?"

孩子:"只是我还没有出去工作挣钱,但是我在打基础,我与众不同。我的思维是跳跃的,跟你们不同。"

我:"与众不同很重要吗?比工作还重要吗?"

孩子:"你又绕回来引导我了,其实不用的。"

我:"你不需要引导是吗?那么你很满意自己现在的状况吗?"

孩子:"是的,不过,也有一点不满意的——"

我:"是什么呢?什么地方不够满意?你怎样做才会使自己满意?"

孩子:"这我不能说。"

我:"你可以不说,但你能否在内心回答给自己?然后点头告诉我,你已经回答给自己了?"

孩子想了一会儿，微微点头。

我说："好，你对刚才自己的这个回答满意吗？"

孩子："这我也不能说。"

我笑了，问："你可以不说。你知道，草原上有狮子、猎豹、羚羊什么的，假如草原上的一个土狼，当它的好朋友问它，在草原上它会怕谁的话，它说'这个我不能说'，你觉得它会因为什么不能说？"

孩子也笑了，说："会有很多原因。"

我："比如呢？"

孩子："比如，不自信吧。"

我："为什么？"

孩子："因为没有实力。"

我："那你刚才说的'这我不能说'，又是什么原因呢？"

孩子："我知道你要说什么。可是，我不需要你教给我什么。我什么都懂，只是我与众不同——"

我："这都被允许，你可以与众不同。我年轻的时候也是这样，当然在后来，我付出了很多代价。但这些代价使人生完整，你也需要得到那个属于你的完整过程。需要我的时候，随时可以找我。"

孩子眼睛亮了一下，有些兴奋地说："所以啊，奶奶生病了，也好，大家关心到奶奶那里，也省得大家都关心到我这里。"

我："你喜欢自由一点，慢慢自己动手解决自己的问题？"

孩子："对。"

我："好，如果可以，什么时候都不晚。"

我的反思：当孩子说他什么都懂，我们不妨先接受，然后给他时间；他有时真的只是需要一个过程，尽管这个过程充满艰辛甚至极其漫长。

结语

冰冻三尺，非一日之寒。"我什么都懂""我与众不同""这我不能说"，当看到这个孩子（其实已近而立之年）差不多拿这几句当作口头禅的时候，我知道他已经习惯生活在思维的冬天里了。拒绝治疗，正是病入膏肓的症状。他所缺的，也许正是等待在他前方的巨大苦难。不合作，往往来自于旧有心智模式的抵抗。一个人若是接受能力不足，便会处在自我惯性里的酣睡状态；一个人若是接受意愿不足，便会处在自我封闭下的装睡状态。你也许可以叫醒一个酣睡的人，但你永远无法叫醒一个装睡的人。每个人都是一个信念的系统，酣睡或装睡都是被自我这一信念系统所催眠。处在或酣睡或装睡的两种状态下，人是无法学习的。

对我的求助，老师们说……

我在微信里求助老师们："我想知道现在的年轻人心里是怎样想的，为什么我的亲属中的几个'80后'的孩子，都不愿意接受我的心理辅导？"

洪老师说："心理辅导只有当他们自愿并觉得有希望改变自己时才去使用，那样才会有效。"

我说："是的，但看到他们以及他们的父母那么纠结、辛苦、无助，我心急。"

洪老师："舍得让你爱的人受苦，说得容易，做到很难。理解你。"

我："他们的父母在外打工，实在不容易，所以想主动帮助他们。但他们都躲。不知什么心理。"

洪老师："他们对心理辅导的形式感到恐惧或反感吧？他们会说'我

没有问题,你辅导什么'?"

我:"讳疾忌医?"

洪老师:"可能吧,别急,等等吧。"

段老师:"创造环境和机会,先跟后带。"

我:"他们很敏感,只喜欢你跟,却很反感你带。"

段老师:"要长时间跟,反复跟带。安全第一。"

我:"长时间跟,他喜欢,但一到带的时候,就跑了。"

段老师:"玩一些道具,融在里面,可以试试。"

我:"玩可以,但玩中寓的教,他给你剔出来。糖衣留下,炮弹打回来。"

段老师:"浅浅地玩,深深地带。"

我:"他们喜欢深深地玩,一丝不许带。"

段老师:"孩子们太熟悉你的语言模式了,他们早有个标签在那里等你,所以信号一出现立即就跑。"

我:"是的。"

段老师:"想法子除标签。"

我:"你对自己的孩子呢?"

段老师:"从教练的角度,我的经验是不用正式的形式。"

我:"语言模式呢?"

段老师:"把一句话拆成若干小事件,让孩子自己选择。"

我:"拆开、细分?"

段老师:"就是创造空间,存放问题。不刻意追求答案,允许答案自己出来。"

我:"是的,不应着急。"

段老师:"一对一会被孩子误解为说教。"

我:"是的,以后玩群口。"

段老师:"他们早就受够说教了,好不容易开始独立,所以他们会拼命保护成果。"

我:"是这样的。"

段老师:"在小事件发生后的肯定和鼓励是带的方向,对方不易察觉。"

我:"他们很喜欢这样。"

赵老师:"父母说教的太多,导致孩子有了心理阴影,一有人说教,就反感。可以多讲身边案例,多做游戏,把带做得更隐晦一些。找他们最佩服、最认可的人来带。"

我:"他们往往没有最佩服的人、最认可的人。他们是活在自己构想甚至臆想的世界里。"

赵老师:"他们正当叛逆期,甚至觉得自己很了不起。只有当自己真的摔了跟头,才知道自己错了。可能最好的教育就是看着他摔跟头,然后自己醒悟吧。"

我:"作为亲人,会心里很不忍。"

赵老师:"那倒是啊,不过我见过很多朋友,都是在受挫之后,才真正地懂事。如果每个人都能很容易地听劝,这世界上成功的人就会越来越多了。"

王老师:"别看他们年龄不小了,但很多的人心智还不成熟,不能理解或理解程度不深,也不觉得你说的有用。对策是从他们感兴趣的话题切入,充分铺垫以后再进入正题。"

李老师:"要让他们有成就感。父母不应给退路。他们对未来感到恐惧,不敢迈步。迈出去也不能坚持。带不动,就拆,拆开他们隐藏的东西,比如幼年的经历。一定有根源。"

高老师:"亲人不好辅导,太熟悉了,可以找其他人来辅导,甚至到医院去,收费就会有效。人总是看不到身边的风景,看到也不珍惜。可以从孝顺的角度带，引导他们为自己的父母做事。"

我喜欢像这样在微信里开"诸葛亮会"，快捷、方便、有效。

> **结语**
>
> 家长要学会只讲事不讲理，因为讲事吸引人听，干巴巴讲道理招人烦。讲事，最好多讲几件相类似的事，只讲一件事让孩子无法产生选择性的思考，同时讲几件相似的事才会促使孩子在比较中思考。要经常表扬孩子，有点小进步就表扬，哪怕孩子递一杯水也表扬。凡事不急于发表看法，先问孩子的看法。不替孩子清除困难，让孩子学会自己去熟悉困难并与困难相处。捕捉孩子的兴趣，建立共同话题。在家庭中营造孝文化，引导孩子为父母做些递茶水、削苹果之类的小事情。还有，不必强求所有的孩子都优秀，内心要允许有些孩子不优秀甚至落后。

一次奉命的谈话

老朋友孙先生，把他儿子的电话号给我，希望我能跟他 27 岁的儿子单独聊聊，并且不能让他的儿子觉察到我是他父亲的说客。虽然我们两个家庭经常在一起聚会，但这样的单独谈话不管怎样都会是唐突的。我不担心谈话过程，怎样开始才是最难的。

我邀约孩子在年轻人通常喜欢去的咖啡馆见面。

我是这样开场的："我与你的父亲是朋友，你与我的儿子也是朋友，并且现在我们又成了同行，都在做纪检监察工作。今天下午，对我来说只是一个很普通的下午，坐在咖啡馆里与朋友聊天，这里我已经来了很多次了。但对你可能不一样，因为我猜测你的心情会有一些拘谨和忐忑，不知道我邀请你来做什么。其实，就是聊聊天，彼此沟通一下信息。我很想知道，你们现在的工作情况是怎样的，这样可能会对我的培训工作有所帮助。你愿意跟我聊聊这些吗？"

孩子很快放松下来，谈了很多工作上的事情。然后他问我："我不知道，埋头苦干与表现自己，究竟应该怎样取舍？"

没想到他主动开始了。

我说："你感觉这两者是矛盾着的吗？如果请你来为自己理想地确定一个比例，两者相加总分是 10 分的话，你会将埋头苦干定在几分？表现自己定在几分？"

孩子的眼神由困惑变为清晰，说："我知道了——您会定在几分呢？"

我说："你知道，我有很长一个阶段的职业生涯是做油田干部管理工作的。我自己会给自己定在 9 分做、1 分说，对他人我能够允许的最低界限是 7 分做、3 分说。"

孩子深深地点点头。显然，他心中有了自己的答案。

然后，他话题一转，语气缓慢地问："如果你的努力没有得到领导的认可，你会怎样？"

我注意到，孩子说完这句话的时候，忽然眼睛中有了泪光。

我轻快地回答："我见过比你还要年长 5 到 10 岁的年轻人，很多在心里都存放着你这样的问题。所以，你有这样的想法，不奇怪。你知道的，我长期在领导的位置上，也许你以为我是一位有耐心的、对年轻人循循善诱的领导。其实，我也不是一位经常能够做到及时鼓励、肯定年轻人的领导。为什么呢？因为领导们通常很忙，脑子里想的事情很多、很重要，通常他们认识不到及时鼓励、肯定年轻人，对年轻人有多么重要。或者，他们并没有感觉到年轻人的努力值得他们去鼓励和表扬。"

孩子的眼神暗淡下去。

我接着说："从年轻人的角度，我觉得他应该去想这样一个问题，我怎样做，才会令领导满意？我怎样做，才会使自己强大到使领导无可挑剔？一位对下属要求苛刻的领导，会使下属迸发出什么样的能量？"

孩子的眼神中渐渐闪现出气定神稳的光芒。

我们谈了两个小时。过程中，我给孩子讲了我的经历和体验。我告诉他，我曾经在大学毕业后有10年的时间被浪费掉了，生活没有目标，不知道自己想要什么或想要成为什么样的人，至少我没有好好地学习如何与人相处，更没有好好地读上几本书，只是把自己放在等待事情发生的位置上。

他说："对，我现在就是把自己放在等待事情发生的位置上。"

我告诉他："人要像观察另一个人一样观察自己，从对很多小事的取舍上洞察自己，遇事多问自己几个为什么。要弄清楚自己喜欢什么，擅长什么。喜欢什么，往往关乎人生；擅长什么，往往关乎事业。很少有十分幸运的人，喜欢做的事情，正是他擅长做的事情，并且正是他所从事的工作。"

快要结束的时候，我才决定引出他父亲要我完成的话题，我说："我们再坐几分钟吧，然后就结束今天的聊天。你还有什么问题吗？"

孩子不假思索地说："我想知道，您怎样看待婚姻？"

我当然早有预谋，缓缓地说："这个问题有点大，你能不能用一句具体一点的话，重新提出你的问题？"

孩子说："好吧，爱情与面包，哪个重要？"

我说："你觉得这是矛盾着的吗？没有面包，如何滋养你的爱情？没有爱情，你的面包会有什么滋味？所以，请你像刚才一样，确定一个比例好吗？如果两者相加总分是10分，爱情是几分？面包占几分？"

孩子说："您自己是怎样确定这个比例的？"

我说："爱情至少是7分，面包最多占3分。"

孩子说："我的比例是爱情占6.5分，面包占3.5分。可以吗？"

我说："当然可以。婚姻也许是唯一没有标准答案的人生大问题，每个人都要自己来设定自己的标准，只要不危害到他人。"

孩子说："那么，我应该怎样确认我现在的爱情？"

我说："对此我是不会提任何建议的，这是你自己要决定的事情。不过，我可以问你几个问题，如果她突然患病，非常严重，你还会要她吗？如果生病的是你，你觉得她还会要你吗？或者20年后，她与你的社会地位相差很大，双方渐渐没有共同语言，你对她还会不离不弃、无怨无悔吗？"

孩子眼神有些惊愕，没有说话。

我说："如果答案不是YES，那就不是爱情。不过，我还可以给你提供一个量化的鉴别方法，你可以回家去做，拿出一张纸，在纸的左侧将你现在拥有的爱情的负面价值列出一个清单，在纸的右侧再将其正面价值列出一个清单，然后将每个价值都赋予一个分值，最后得出负面价值和正面价值的总分，如果两者相加是负数或是很小的正数，那就不是你应该选择的爱情。"

孩子说："这个办法好，我回去就做。"

我说："只能以此做参考，不能以此做决定。"

和孩子告别的时候，我说："你可以给自己和对方一些时间，不要马上做决定。也许半年后，你会很清楚自己应该如何选择。"

> **结语**
>
> "你觉得这是矛盾着的吗？没有面包，如何滋养你的爱情？没有爱情，你的面包会有什么滋味？所以，你能确定一个比例吗？如果两者相加总分是10分，爱情是几分？面包占几分？"很多事情，由于我们总是预先将它们对立起来，便怎么都找不到答案。由此很多人认识不到自己的愿景，这个时候就需要好好回答两个问题：什么是我真正在意的？什么对我是真正重要的？

又一次奉命的谈话

一位父亲，委托我与他的正上大二的女儿谈话。

这位父亲，就是前面《不要欺骗自己》和《封闭式谈话》两文中的那位先生。

恰好赶在情人节那天，同样在咖啡馆。

我们四个人，我、孩子、孩子的父母。

我们先坐在一起聊天，然后我对女儿说："这么美好的下午，我们请爸爸妈妈独处一会儿吧。"

我和孩子聊了两个小时。

其中有几个片断，是有趣的。

孩子是在重庆大学，学建筑专业的。我问："在建筑专业知识之外，还有什么对于建筑设计师是重要的？"从此问发端，我聊到贝聿铭，谈到他的传世作品。美国华盛顿国家美术馆东馆的外形，符合美国人的审美；香港的中国银行大厦，巧妙地运用了中国文化中水能生财的寓意；日本的美秀博物馆，大部分建在地下，采光则大部分取自阳光；法国罗浮宫的玻璃金字塔，像当年新颖独特的埃菲尔铁塔一样令法国人深感意外。

我接着问："你知道他有一句话，是怎样评价自己的吗？"

孩子："是什么？"

我："他说'我的建筑，好就好在好拆'。"

孩子惊讶了，说："哦？什么意思？"

我说："你觉得呢？"

孩子歪着头在思考。

我说："如果一个建筑好拆，这会带来什么价值？又会为哪些行业带来什么样的变化？"

孩子从建筑材料谈到施工标准，又谈到环保模式、绿色经济。

我问："如果在海边，弄一个建筑，当海啸或地震的时候，你希望墙体在倒塌之后变成什么？"

孩子说："材料对海水无污染、墙体变成粉末。"

我说:"可以是船吗?"

孩子惊讶着,笑了。

我们谈到林徽因和梁思成。我说:"梁思成到美国去,看到中国的老子那句话,'凿户牖以为室,当其无,有室之用,故有之以为利,无之以为用',被美国的建筑学家理解为中国古代的顶尖建筑理论,你怎么看?"

孩子说:"建筑最有用的部分就是空间以及空间的形状。"

我说:"是的,这是建筑的内容。可人们只看到外表、形式。"

孩子好奇地问我:"您为什么会和我聊天?是什么吸引了您?"

我说:"是你的爸爸要求我和你聊天,我不能拒绝一位父亲。"

看着孩子的眼睛,我补充说:"其实,面对任何一个人的孩子,我都可以这样做。你不知道,此刻我多么希望我远在美国的儿子,也能有人与他进行这样的谈话。"

孩子落泪了,轻轻说:"请不要告诉我的爸爸,我哭了。"

我问:"不告诉他的价值是什么?"

孩子说:"免去父母的担心。"

我问:"你还可以做些什么?可以免去父母的担心?"

孩子在沉思,然后说:"走好自己今后的路。"

我用手指在桌子上比画着,说:"假如这是一张白纸,我大大地画一个圆,告诉你,这就是你全部的人生。再从圆心画出一条条线出来,形成若干个扇面,告诉我,你的人生里有什么?填一些题目在扇面里?"

孩子说:"家庭、事业、玩儿、学习、梦想、生活,不知道了。"

我问:"你对哪一部分比较满意呢?"

孩子说:"玩儿。"

我问:"你对哪一部分不够满意呢?"

孩子说:"梦想。"

我接着问:"哪一部分是杠杆呢?加一点小小的变动,会对另外几个方面产生很大的推动?"

孩子说:"学习。"

我问:"学习?嗯!真不错!那么,其中学到什么是最重要的呢?"

孩子说:"建筑设计的专业课程,专业可以改变我的人生。"

我说:"那你准备怎样做呢?"

孩子说:"当然首先是将老师的传授消化到位。哦,对了,还有前面您提到的建筑专业之外的文化素养。"

谈话结束后,孩子的父亲发来微信,我们有几句对话。

父亲:"我的女儿是一个什么样的孩子?"

我:"她很孝顺。"

父亲:"心灵成长方面呢?"

我:"正常。"

父亲:"我与她的母亲需要反思什么?"

我:"让她有能力料理自己的生活,不要代她做那些应该由她自己来做的事情。多给她讲故事或你们的经历,不要空讲道理。适度地拿她当作别人家的孩子,不要过多地干涉她的选择。"

父亲:"您说她孝顺,我很感动,似有泪水盈眶。我怕孩子活得累。"

我:"做让孩子放心的父母,孩子便会轻松。"

父亲:"孩子的不足有哪些?"

我:"有些拘谨。"

父亲:"还有呢?"

我:"学建筑,还没有认识到建筑专业之外的知识对于建筑的重要性。"

父亲:"从孩子身上看到我的问题有哪些?"

我:"学习近现代西方的教育理念与技术还不够。"

父亲:"基本没学。还有呢?"

我:"做父母是一门专业。需要学习。"

父亲："您今天放弃陪嫂夫人的时间，帮助我的女儿，我很感激您！"

我："不客气。为了孩子，值得。无论谁的孩子。"

这位先生真是一位好父亲。

> **结语**
>
> 过程中，"做让孩子放心的父母，孩子便会轻松。""做父母是一门专业。需要学习。"这两句虽不是提问，但很有力量。如果换成提问，会是"做让孩子放心的父母，孩子便会轻松。如果你同意，你会怎样做？""做父母是一门专业，你还需要学习哪些呢？"

关于母亲的一场讨论

我在微信里对几位老师说："请教各位老师，为什么一位伟大的母亲，影响不到自己的子孙？"

洪老师说："好问题。这也是我想问的一个问题。"

段老师说："您看到了什么？"

我说："生活中，我看到很多这样的案例，真实得可怕。"

段老师说："您自己是怎样看的？"

我说："我初步形成一些答案，但还不满意。"

段老师说："您不满意的内容包括哪些？"

我说："比如，她们惯孩子。"

段老师说："您希望在惯孩子方面再获得哪些答案？您会满意？"

我说："惯孩子这样的行为，为什么会使子孙不能获得母亲的伟大品质？其中的科学道理何在？"

段老师说："还有呢？"

我说:"还有,不是说身教胜于言教吗?为什么伟大母亲的伟大行为不能影响到子孙?"

段老师说:"我刚才的思路是这样的,要从三个方面来看。首先,母亲与孩子,是两个人。其次,母亲和孩子,行为能力不同。最后,母亲和孩子,各自的行为能力相互之间的连接品质会决定影响程度。"

洪老师说:"是的,她们是相互影响的两个人,要检讨各自行为上的相互连接究竟是怎样的?究竟相互影响了什么?"

段老师说:"还要看各自的人生经历,尤其是母亲品质形成背景。接下来我会考虑母亲是怎样把自己的伟大品质与孩子分开的?怎样用了'惯'的行为?"

我说:"母亲对待自己与对待孩子是不同的。"

段老师说:"为什么会是两种行为?母亲是如何做到的?我的猜测,也许母亲不希望孩子受她所受的苦!"

我说:"那是肯定的。伟大的母亲,也许不会言教?她只是使自己伟大。"

段老师说:"问题是,母亲不希望自己受过的哪些苦给孩子受?动机和理由是什么?"

我说:"比如劳动之苦。可是,劳动是创造了美、创造了智慧、创造了人类的。母亲的动机与理由是,孩子们会累、会受伤、会痛苦。这也许正是她的体验。"

段老师说:"您提到的'不会言教''只是使自己伟大',我也同意。"

洪老师说:"母亲没有伟大到圣人的程度。"

段老师说:"母亲宁愿自己苦!"

我说:"母爱,从医学的角度看,有人说是一种产后分泌的生化物。"

段老师说:"如果,伟大母亲的智慧更高呢?会怎样?"

我说:"比如会言教?那将结合身教,教育的效果会更好。"

段老师说:"母爱如果是生化物,那就将具有盲目性、自动性。"

我说:"其实,母亲无须伟大,她只需要将子孙放生出去,允许子孙自己去成就自己。不过,不能放任。"

洪老师是一位母亲,她说:"母爱是伟大的,每一位母亲都是这样的。"

我说:"学会做父母,这是一门专业。身教、言教,都要有。除了给衣穿、给饭吃,还要给子孙经历。苦难,是人生的老师。"

段老师说:"认识到苦难的价值,不等于能够愿意给孩子苦难。"

我说:"那些使母亲伟大的经历,都要给孩子,一样都不能少,更不能去剥夺。犯错误,甚至是孩子们的权利。"

卢老师说:"经历、体验,对孩子很重要。对孩子来说,母亲责任最大。"

洪老师说:"有人说,孩子不过是借了你的家、你的手来到人间,他们有自己的使命。"

卢老师说:"让孩子自由生长,也有问题,父母的家不是旅店,父母不是店小二。父母有责任引导孩子照顾好自己的命,安顿好自己的心。"

这样的讨论,以后还可以继续。

结语

过程中,段老师的几句发问很能够触动我:"您希望在惯孩子方面再获得哪些答案?您会满意?""接下来我会考虑母亲是怎样把自己的伟大品质与孩子分开的?怎样用了'惯'的行为?""母亲对待孩子和对待自己为什么会是两种行为?母亲是如何做到的?""母亲不希望自己受过的哪些苦给孩子受?动机和理由是什么?"微信里的各种群就是各种伙伴群。对学习伙伴最好的支持莫过于倾听,最好的挑战莫过于提问。对学习伙伴而言,瑞文斯有三句提问非常精彩:谁知道这个问题?谁在乎这个问题?谁能为它做点事儿?

可怕的自动化聆听

一位年轻人对我说:"我经常会产生一些负面情绪,真讨厌!"

我问道:"你所说的负面情绪是指什么?"

年轻人说:"消极、郁闷、烦躁什么的。"

我问:"你将情绪分为正面与负面的意图是什么?"

年轻人显然没有听懂,很麻利地说:"没什么意图。"

我意识到年轻人处在自动化的聆听状态。他在任凭自己的信念系统无情地过滤一切来自外部的信息。这当然就是他的反应系统甚至是学习系统。

我问:"如果你完全失去了所谓的负面情绪,你同时还会失去什么呢?"

年轻人说:"没有什么呀,剩下的就是高兴呗。"

多干脆的回答。

我问:"那么,你还会用到'正面情绪'这个词吗?"

年轻人不假思索地说:"会啊!"

我还算耐心:"好吧,我想请你思考一下再回答我,你所谓的负面情绪是在提醒你什么呢?譬如,提醒你做出什么样的改变?"

年轻人仍直挺挺地说:"没有啊?没感觉到什么提醒。"

我还算知趣:"好吧,我没有问题了。"

那一刻,我深深地反思到:提问的效果,由对方说了算。

还有,自动化聆听真的好可怕。

提问的功力在于洞察,应答的功力在于反思。我竟然在与年轻人的对话中,一箭双雕的同时担当了洞察者与反思者这两种角色。

年轻人的真正问题不在于他所谓的负面情绪,而是在对话中一如既往所表现出的不假思索式的应答,缺少对自己的觉察与反思。

满足和执着于兵来将挡式的自动化对话，其实是一种心智疾患。

但第二天，这位年轻人又来找我："老师，我昨天想了一个晚上，也没想明白。但又觉得您说的……"

我："你想知道什么？"

年轻人："情绪到底是什么？"

我："哨兵。"

年轻人惊讶得张大了嘴巴："啊？哨兵？"

我："是的，哨兵，它是替潜意识向意识报告消息的。"

年轻人："那负面情绪呢？"

我："报告坏消息的哨兵。你还要杀死它吗？"

年轻人："啊？容我回去再好好想想……"

我向年轻人讲解了一些关于大脑工作原理的知识。

年轻人若有所思地点着头、摇着头……

结语 好问题，只对有觉察力的耳朵有效。

一对二的教练

两位非常好的朋友，约我去咖啡馆聊天。

谭先生、于先生，在前面《活在当下》一文中提到过他们。

我问谭先生："为什么不写一本关于基层党建的书？"

谭先生："没想过。我的学识和积累不够去写这样一本书。"

我："大庆油田基层党建的实践，'够写这样一本书'吗？"

谭先生缓缓点头。

我："在国企，大庆油田的基层党建处在怎样的水平？你多年从事这项工作，又在这样一个平台上，一直努力在做既顶层又具体的工作，相信会有很多成绩、观察与思考，当前写这样一本书，不是更有价值吗？"

谭先生缓缓点头。

于先生说："这很难。你离开大庆的这半年多，环境变化很大。比如我，工作也许面临几种选择，有些纠结。"

我问："如果不考虑其他因素，只是考虑喜欢哪个？你会怎样选择？"

于先生说出其中一个选择。

我问："如果不考虑其他因素，只是考虑擅长哪个？你会怎样选择？"

于先生说："还是这个选择。"

我问："如果不考虑其他因素，只是考虑哪个选择具备更多的有利条件？你会怎样选择？"

于先生说："那肯定不是这个选择。"

我："为什么呢？"

于先生："因为环境。"

我："你是说环境只对这个选择不利，而对其他的选择是有利的吗？"

于先生笑了，说："也不是，应该是一样的吧。"

我："那为什么强调环境对这个选择不利呢？"

于先生又笑了。

我："是因为对这个选择更喜欢、更擅长、更熟悉，才敏感于环境吗？"

于先生点头。

我："敏感于环境，难道不是有利条件吗？"

于先生会意地笑了。

我："既然这样，你纠结的是什么呢？"

于先生转换了问题的焦点："女儿上大学走了，我的生活有些失去重心，才会在工作的选择上有些纠结。"

我："我记得鲁迅先生说过这样一段话，大意是，孩子不单是父母的私产，孩子只是在他们未成年前暂时由他们的父母来托管一段时间，成年之后就应该将他们的生命交付出去给他们自己，由他们自己去决定如何生长和生活。中国应该由尊崇老人的社会向尊崇孩子的社会转变，那就是更加的尊重孩子自己对自己生活的选择。你同意吗？"

于先生："同意，但是父母的责任要尽到。"

我："女儿没有离开你的时候，你对她做了什么？"

于先生："生活上的照顾。"

我："现在这个阶段呢？你对她做了什么？"

于先生："应该是精神上的照顾。"

我："应该？好吧，如果满分是 10 分，前一个阶段你给自己打多少分？现在这个阶段呢？你给自己打多少分？"

于先生："前一个阶段，6 分。现在这个阶段，4 分。"

我："那么，这 2 分差在哪些？"

于先生："距离远了，精神上照顾不到。"

我："假设这 2 分的差距补上了，你还会纠结吗？"

于先生："那会好多了。"

我："既然这样，我想知道你纠结的究竟是什么呢？你是如何将照顾女儿与工作上的选择联系在一起的呢？"

于先生摇摇头，笑了。

谭先生："这是教练吗？"

我："是的。"

谭先生："会让人很难受。"

我："我的哪句话说得不妥？"

于先生："没有，是我自己的问题。"

谭先生："应该是这样的。"

我："教练的结果，都是最终指向自己。"

谭先生："你说过，要写这样一本书？"

我:"是的,已经写了3个月,有6万字了。出版社已经决定要出这本书。我的前两本书都是你给作序,这次也请你作序。好吗?"

谭先生:"可我不懂教练技术。"

我:"正因为这样,我才更要请你作序。请你纯粹从读者的角度,去看这本书中的对话。如果我的教练技术不能真实地解决实际问题,那么我去写一本理论性的教练书籍又有什么意义呢?"

谭先生笑了,说:"好吧。"

我也笑了,说:"以后我的书,就都交给你作序了。"

> **结语**
>
> "你喜欢做什么?""你擅长做什么?""如果没有任何障碍,你想做什么?""如果一切由你做主,你会做什么?""如果一切都不成问题,最理想的结果是什么?"这些问题都是能够拨开云雾、逼问出实质内容的好问题。"你是如何将这两件事情联系在一起的呢?"这句提问,往往能够揭穿自欺欺人的谎言。"如果我的教练技术不能真实地解决实际问题,那么我去写一本理论性的教练书籍又有什么意义呢?"这句提问是我的心声,是在质问一切关于教人如何提问的理论性书籍。

佛 的 旨 意

一位朋友修佛。

一次,他要单独和我聊聊。

我们在咖啡馆聊了两个多小时。

他说:"我很纠结,我不喜欢现在的岗位。"

我说:"不是刚到这个岗位不久吗?你不喜欢这个岗位带来的什么?"

他说:"复杂的人际关系。还有工作中搞变通与修佛相冲突。"

我说:"你知道的,我曾经在经历了 10 年的艰苦繁重、也颇有成就感的工作之后,忽然有 3 年没有任何实质性的分工。但我很坦然,因为古人说'用之则行,舍之则藏'。一张一弛,也是文武之道。我在那 3 年里做了几件事情:花了 6 个月时间潜心装修,按自己的心意装修了房子,住着很舒服;妻子生病,花了 10 个月时间陪护,在医院里完成了《大匠无弃材》这本书;其他时间,我仔细研究了西方的绩效管理理论和中国改革开放以来的政策变迁。我发现,不论我在哪里,我都能很清楚自己当下想要什么、应该做什么。"

他说:"如果你没有被调去北京,这次的生产事故,你可能就会被免职了,党政同责。"

我说:"其实,我不会在意。无非是再被挂起来,无非是再埋头学习两年,正好可以完成我的另一个梦想,熟读中国的'四书五经'。其实我到北京的这半年,也没有机会做太多的事情。但我依旧很忙,弄了一套催化师训练课程,分 3 个阶段,共 12 天 9 夜,已经在中国大连高级经理学院完成了实验班,将来要在央企推广。我还设计了专门针对中国石油纪检监察系统内部课程研发的方案,这次回去后就想推进课程研发。所以,我不论在哪里、处在什么环境下,我都能很清楚自己想要什么、应该做什么。"

他深深地点头,一字一顿地说:"你的坚定,无人能及。对自己想做的事情,毫不动摇。对这一点,我毫不怀疑。可是,我好像还做不到。"

我说:"想做就不难。智商、情商在这里不重要。我给你的建议是你不妨这样理解自己现在的处境:这是佛在修你,你当欢喜,并假设这是最好的安排,然后顺受、接纳、创造新的生活。我问你,你是不是花费了很多时间去读经?"

他说:"是的,读了很多经书。"

我说:"那么,你运用了多少经义在岗位上呢?"

他愕然、沉默、点头。

我说:"今天的佛教,已经在很大程度上庸俗化了,比谁能抢到上最早的那炷香、比谁上的香更粗更高、比谁念的经多。佛祖的旨意是这样的吗？不是这样的。佛说，'做一件善事，要比写一本书有意义。'西方宗教界有一句话，'行道要比悟道更有意义。'"

他嗫嚅地说："岗位上不允许、或者说难以实践佛的教诲。"

我说："比如呢？如果佛的教诲只能在自己独处的时候或与好友相谈的时候有用，那么怎么理解佛要利益众生的大愿呢？佛早就说过，'能于娑婆国土，五浊恶世，说此难信之法。'这何等英勇无畏？"

他说："还是想离开这个岗位，能做自己喜欢的事情。"

我说："这当然可以。但心性的问题解决了吗？换到新的岗位，可能问题只是掩盖了。将问题解决了再走，不带到新的环境去，岂不是更好？"

他说："嗯，我这个阶段是心魔出现了。"

我说："这个岗位恰好是修炼心性的机会。为什么不看作是机会？"

他说："啊！我读过一本书，核心思想就是您说的这个意思。"

我说："佛经那么多，佛祖本人没有著作一个字。为什么？与他几乎同时期的苏格拉底、孔子两大东西方巨人，也是'述而不作'，为什么？"

他说："担心留下文字，使后人只重文字，误解多多。"

我说："是的，行道才是他们更看重的。悟道之后，他们是在用行动传道。佛经上第一句是'如是我闻'，《论语》中每篇都是'子曰'开端。后人不解圣人不去著作的苦心。如果不能在每件小事上守住圣人的训诫，不能格物致知，要书做什么？"

他天真地说："我甚至想过，如果我做不好现在的岗位，是不是就可能会被调整到我喜欢的岗位上去？"

我说："为什么要等到做不好？为什么不去自己创造机会？好吧，告诉我，如果你能够在一个自己喜欢的平台上、以饱满的热情和充满活力的状态去工作和生活，那么给我讲一讲你的非典型的一天是怎样渡过的？每个小时的安排都告诉我？"

他眼望天空，然后语气沉静地讲述起来。

待他讲完，我说："你讲的这一天，我只感受到你在工作之外的时间安排得很好，很生动，我能感受到你生活的状态是很棒的。可是，难道现在不可以这样吗？还有，你讲述的工作状态，还不是很清晰，因此我感觉到你对自己想要什么还不是很清楚。现在，你来想象一次谈话，对象是一个很纠结的人，也是你的好友，所处的境况与现在的你很相似，你会怎样谈？你可以运用你的佛学知识去跟他谈，只想象就可以了，不用说出来。"

他闭目深思了一会儿，然后告诉我："嗯，我明白了，刚才这个转换角色的效果很清晰，我心里痛快多了。"

我问："如果总结一下，你记住了什么？"

他说："当阻碍很大的时候，就潜下来。"

我说："是的。且行且藏。用欢喜心迎接逆境。在小事上修佛性。"

我们分手的时候，他再一次说："今天下午，我的心透亮了。"

结语

"那么，你运用了多少经义在岗位上呢？""如果佛的教诲只能在自己独处的时候或与好友相谈的时候有用，那么怎么理解佛要利益众生的大愿呢？"这两句提问，直指内心。"你来想象一次谈话，对象是一个很纠结的人，也是你的好友，所处的境况与现在的你很相似，你会怎样谈？"这句提问使他很快抽离出来，看到自己内心的促狭。想象一个人在身处逆境的时候，有人对他说："假设这逆境是最好的安排，你如何揣摩上天的意图？"相信一定会触动他的内心。

第四辑 工具的力量

在行动学习中，经常会有学员说："有工具与没有工具就是不一样！"工具看上去都是现成的、很简单，似乎走流程就行了。但若真想将工具用到家，却需要花时间精心设计，那过程无疑于重新发明，这须反复实践才能尝到个中滋味。这世间一切好的设计都源于预见，而预见来自经历。未来是经历的一部分，至少是某一部分经历的再现。所以，历史总有循环的特征。明察循环中的不同，学习便会发生。

更新师资的话题

在微信里和几位老师聊天。

张老师说:"洪老师在召开会议呢,研讨如何高效开展师资更新工作。"

我心血来潮,迅速地打上几行字:"1. 定期派人出去听课;2. 建立微信师资群,互相提供信息;3. 内部课程研发进入第二轮——旧课翻新。"

张老师很感兴趣地问:"还有呢?"

我说:"4. 开发新的培训项目,另辟蓝海师资;5. 共建培训者联盟(国器院),实现大平台共享;6. 着力淘汰一批师资(空讲道理的、只讲别人案例的、只讲理论的),淘汰就是更新。"

张老师说:"对!"

我跟张老师提到的"国器院",是指我们在一起工作的时候,我倡导成立"国器领导力研修院",取意"国之重器""国之利器",那时我很想建立一个由多家大型国企共建的培训交流平台,共同搞课程研发,师资共享。

后来,我曾多次建议中国大连高级经理学院牵头,共建国企培训交流平台,他们在 2014 年终于成立了国企培训者联盟,加盟企业多达 50 多家。

在 2015 年底我又一次去该学院交流的时候,大家都认为共建联盟是一件好事,要好好做下去。

> **结语** "还有呢?"这是提问的金句。"还有呢?"如果连续问上三次,定会有意外收获。

他才是我的教练

我要主持研发6门企业内部的课程。

需要找6位中层管理者沟通，请他们挑选24位专家进入研发小组，我们将采用行动学习的方式研发这6门课程。并且这6门课程，也将采用行动学习的方式进行授课。

在此之前，他们没有采用过这样的方式搞课程研发。他们像很多企业一样，习惯邀请外部老师授课。或只是由企业高管或职能部门自己独自备课，像开会一样办班，讲解国家政策、企业制度或业务流程。

沟通中，有5位中层管理者表现出浓厚的兴趣，看得出他们对用行动学习的方式研发课程感觉很新鲜，很想知道行动学习是什么、怎样用行动学习的方式研发课程，当听到具体的解释后都流露出惊奇的神情，认为这样的课程一定会很实用。他们的反应，使我很高兴，也增添了信心。

可是，却有一位中层管理者与他们大不一样。当他一坐下，听到是这样一件事情的时候，立刻就流露出很反对甚至是抗拒的神态，并持续地表现出对内容的不感兴趣，这让我感觉很奇怪。

我好奇：一个人，当他听到自己完全不熟悉的事情之后，为什么会停留在经由直觉产生的抗拒里，而对内容却丝毫不想知道？他是如何做到的？

接下来的进程，他几乎是愤怒了！只是涵养使他克制着自己。

这又让我很惊奇：他从第一反应的抗拒，发展到越来越反感，是什么样的特殊经历造就了他的反应机制呢？

然后，更有趣的现象发生了：我的每一处解释，不但不能使他倾听和接受，反而引发他眼神中更强的怒火，当然他还在尽量克制着自己。

大凡愤怒或抱怨，都是表明不愿活在事实中。

我猜想：他应该是受到过与此件事情相类似的什么事情的恶性刺激，才会烙印并形成他的反应模式，一旦遇到相类似的场景，便会触动和激发他的反应模式，因此我相信这是经历给他留下的创伤。

也就是说，人们只会按照他的反应模式对外部事件做出忠实的反应。

一个人的反应模式，一定是多年形成的。他的经历、他观察到的他人的经历、他崇敬的人对他的影响，都会塑造他的反应模式。当然，不排除先天的遗传因素。人自诞生之日起，便带来了一些东西。我相信那是与生俱来的，只是目前人类还不能认识清楚。

过程中，我清晰地看到他封闭的、不开放的心态，他时刻以自己多年建立起来的身心系统为绝对标准，去衡量和判断周遭发生的一切。

一个人的身心系统，几乎就是他的学习系统。

因此，我相信他很难觉察和捕捉到新的学习机会。

谈话结束后，我能够记得他说的话是这样几句：

"太复杂了！"

"你说的这些都对，但对咱们不现实。"

"还是让领导或部门自己去备课吧。"

"还是应该坚持上一级给下一级授课的规矩，平级怎么可以授课呢？"

回来后，我竟然发现另一个有趣的现象，就是在完善研发方案的过程中，他却是谈过的几个人中对我贡献最大的。正是因为他的质疑，我谨慎地增加了第一阶段中汇聚问题与案例的时间，并细化了研发流程。

反对者，往往贡献最大。

质疑者，往往正是你的教练。

> **结语** 在对方的抵抗中感受自己的抵抗，这才是最深层次的反思。如果到了这一步，那么对方便是教练。对抗，其实是双方合作的结果；对双方来讲，都是学习的机会。

儿 子 的 梦

儿子在美国读书。

一天，他在微信里对我说："我梦见爷爷啦！"

这是我第一次听到他说梦到爷爷。

我问："梦到了什么？"

儿子说："我梦见爷爷教我开车考驾照，用一辆大吉普示范我怎么跑路面。爷爷操作十分流畅。"

爷爷不会开车。

我问："然后呢？"

儿子说："轮到我开了，但是吉普车非常不听话，横冲直撞，撞坏了别人的车，还把隔离带撞开了，造成百万元的损失要我赔偿。"

我开始担心，问："然后呢？"

儿子："一下子给我吓醒了。"

我知道事情不那么好玩了。

我问："告诉我，爷爷教你开车考驾照，这对你意味着什么？"

儿子："不知道。"

我问："大吉普的寓意是什么？"

儿子："是不是因为我的同学总用他的大吉普车送我回家或者去超市买东西？"

我问："那么，'吉普车非常不听话，横冲直撞，撞坏了别人的车，还把隔离带撞开了，造成百万元的损失要我赔偿'，寓意是什么？"

儿子："不知道。"

我："梦都可解。梦有指导性。梦是潜意识在指导意识，给予方向。"

儿子："可能预示着我不要考驾照，会惹祸?"

我觉得事情复杂了。

儿子说："真的，我好害怕上路面。感觉时刻都会被撞。"

我觉得必须解决他的问题了。

我："好好回答爸爸前面问到的几个问题。"

儿子："意味着什么? 不知道。"

我："你知道。只是需要问自己的潜意识，与自己的潜意识沟通。"

儿子："我不知道，我只知道我现在很害怕。"

我："害怕是一种情绪，每种情绪的背后都有正确的动机。你闭上眼睛，让自己沉静，才能与自己的潜意识沟通。你能回答爸爸的问题。"

儿子："会不会与我的同学有关?"

我："还有呢?"

儿子："没了。"

我："想一想。"

儿子："总之我不想考驾照。"

我："然后呢?"

儿子："可是不考驾照 I20❶ 就会过期，过期了就考不成了。哎，好烦、好纠结啊!"

我："不想考驾照背后的动机是什么?"

儿子："害怕出车祸。非常害怕。"

我："害怕出车祸背后的动机是什么?"

儿子："根本就放松不下来。"

我："根本就放松不下来? 这不是动机，这还只是情绪。"

儿子："害怕车祸还需要理由吗? 就是怕死。"

---

❶ I20 在美国是证明留学生身份的一张表，以学生身份办理工作签证、入职、考驾照等都需要递交 I20 的复印件。

我:"认识动机才能与自己的潜意识沟通。怕死也不是动机。一切动机都是正面的。我问你,怕死的正面词汇是什么?"

儿子发了一个羞怯的小脸,说:"珍惜生命。"

我:"嘿!这才是动机!然后再问一问自己,怎样去做到?"

儿子没动静了。

我继续:"用正面的语言去描述,怎样去珍惜生命?不想开车,这是负面的语言,不是珍惜生命的方法。会开车、开好车,才是珍惜生命的好方法。我的建议,考取驾照,一生开好车,珍惜生命!你六七岁的时候爸爸就教会你开手动挡的车了,在草原上,还记得吗?好好回忆一下,那种在草原上兜风的感觉?告诉我你现在的决定?"

儿子:"刚刚报班了。"

我长舒一口气:"来,感谢你的恐惧感,正是恐惧感才让你深入地与潜意识沟通,找到积极的方法。恭喜你!"

儿子:"我只是不想浪费这么好的条件。一想到回国内考驾照那么难,就……"

我略有失望,开始说教:"现在很多老人都会开车。现代人不会开车如同不会走路。"

儿子又没动静了。

有点失落的感觉。

年轻的时候我喜欢打排球,是主攻手。每次大战间歇时,都会靠香蕉补充体力。此时,我奖励给自己一根想象中的香蕉。

"管它呢,反正儿子报班了。"我这样安慰自己。

结语 情绪只是哨兵。负面情绪只是来报告坏消息的哨兵。斩杀报告坏消息的哨兵,是无论多么愚蠢的将帅都不会去做的事情。正是因为人类的恐惧感,才使人类走到今天。

理 解 层 次

2015 年 12 月，中国大连高级经理学院。

学院的年轻老师，在跟我学习催化技术。

我请一位学员上来，我要现场演示一下今天的授课内容。

我："请想一想，你在工作或生活中，有什么困难或问题？"

他在想。

我："想好了吗？介意告诉我们吗？"

他有点不好意思，但很诚实地说："介意。"

我："没有关系，这是可以的。"

我请他帮忙，横向摆上 6 把椅子，排成一行，面对其他学员。

我请他坐在第 1 把椅子上，然后我双手按着他的双肩："那介意不介意告诉我，你的问题在身体的哪一个部位？"我的动作其实是一个暗示。

他立即手按左边胸口，很肯定地说："在这里。"

我："好。你知道吗？这把椅子是有名目的，叫——环境。"

他点点头。

我："你不用说话。想一想，你的环境里有什么？没有什么？应该有什么？哪些时间节点很重要？有哪些人？有哪里事？有什么硬件、软件？细细地都想一遍，想好了点头示意我。"在说这段话的过程中，我始终观察着他的表情，以便在应该停顿的地方稍做停顿。

过了一会儿，他点头了。

我："我们确认一下，你的问题在哪里？"

他手摸着左胸："在这里。"

我："好，请坐到第 2 把椅子上。这把椅子也是有名目的，叫行为。你同样不用说话。想一想，在你的环境里（我请他回头望一望第1把椅子），你都做过些什么？大事？小事？都想一想，为什么要做？过程如何？结果怎样？还有，你没有做过些什么？为什么？细细地都想一遍，想好了点头示意我。"在说这段话中，我同样根据他的表情做了几次停顿。

过了一会儿，他点头了。

我："好，请坐到第3把椅子上。这把椅子也是有名目的，叫能力。你同样不用说话。想一想，在你的环境里，你做过了一些事情以及你没有做过一些事情（我请他回头望一望前两把椅子），这些都与你的能力有什么关系呢？哪些事情会做？哪些事情不会做？细细地都想一遍，想好了点头示意我。"我在每个提问中间都做了停顿。

过了一会儿，他点头了。

我："好，请坐到第4把椅子上。这把椅子也是有名目的，叫信念。你同样不用说话。想一想，在你的环境里，你做过了一些事情以及你没有做过一些事情，还有你的素质和能力（我请他回头一一望一望前3把椅子），这些都产生于你什么样的信念？比如，你坚持认为：为什么会是这样？应该怎样？什么才是重要的？这都是你的信念。细细地都想一遍，想好了点头示意我。"后面的几句问话，每一句我都说得很慢。

过了一会儿，他点头了。

我："好，请坐到第5把椅子上。这把椅子也是有名目的，叫身份。你同样不用说话。想一想（我请他回头望一望前4把椅子），在你的环境里，你做过了一些事情以及你没有做过一些事情，还有你的素质和能力，还有你的信念，这些都产生于你怎样的身份？这个身份是不是你想成为的那个人？然后问一问自己，你更愿意以什么样的身份去实现人生的意义？细细地都想一遍，想好了点头示意我。"

过了一会儿，他点头了。

我："好，请坐到最后一把椅子上，这是第6把椅子。这把椅子也是有名目的，叫系统。系统这个词，西方喜欢这样用。如果换几个中国人喜欢用的词来形容，也是可以的。比如，精神、灵魂、灵性，只是不大准确，我们还是用系统这个词吧。你同样不用说话。想一想，在你的环境里，你做过了一些事情以及你没有做过一些事情，还有你的素质和能力，还有你的信念，还有你现在的身份以及想拥有的身份（我请他回头——望一望前5把椅子）。现在你坐在系统这把椅子上，告诉你自己，你的系统与世界中的各种人和事物是什么样的关系？你人生的意义是什么？你能否实现三赢：我赢、你赢、世界赢？然后让自己身心一致，去与世界构成和谐？细细地都想一遍，想好了点头示意我。"这段话停顿较多，用了稍长时间。

他在想。

我："再想象一下，你的椅子上方挂着一只巨大的热气球，拉起你飞升，教室变小了，继续飞升，学院很小了，继续飞升，大连也很小了。你抬头向上看，宇宙很深、很远，对吗？然后再低头，看看地面有什么？"

他始而抬头，终而低头。

我："好了，热气球在下降，大连变大了，学院也变大了，你慢慢落地了，你回到教室了，教室很大，我们都变大了。"

终于，他面孔洁净的安安静静地坐在那里。

我请他站起来："你的问题呢？它在哪里？"

他伸手去摸胸口，却一脸的茫然："它，不在这里了！"

我："它到哪里去了？"

他："不在了，没了，不见了。"

我："刚才它重要吗？"

他："是的。"

我："现在呢？"

他有点羞愧:"现在不重要了,不值一提了。"

我转头面向大家:"大家看到了,这就是我们接下来要讲的 NLP 中的理解层次。下面,我们开始上课。"

> **结语**
>
> 先练习和体验,让人们看到效果,便能够更好地接受课程。练习和体验的过程中,创造了几把椅子,还有热气球。当然,重要的是提问。环境、行为、能力、信念、身份、系统,这便是构成一个人的全部要素。依次地问过去,人们便会清醒地看到自己。每个能够清楚看到自己的人,再去打量难题的时候,那些难题看上去都会是可爱的样子——至少不再是面目可憎。

工具的力量

2016 年 3 月 3 日早上,我从床上一跃而起,冲向书桌。

我提笔在一张白纸的上方画了一个圆圈,在圆圈里写上了"真实性"三个字;然后在白纸的右侧又画了一个圆圈,在圆圈里写下了"假设"两个字;然后在白纸的下端又画了一个圆圈,在圆圈里写下了"行动"两个字;然后在白纸的左边又画了一个圆圈,在圆圈里写下了"结果"两个字。

写好后,我端详了一下,然后用笔将 4 个圆圈之间连上了一条弧线,使 4 个圆圈组成为一个连体的大圆圈。又端详了一下,我用笔在连接 4 个圆圈的 4 段弧线的中部分别按顺时针方向标上了箭头。

我抄起手机,拍了图片,发到了微信里的培训圈子中。

我对几位老师说:"刚刚脑子里灵感闪现,画了这张图。"

段老师马上说:"含义很清晰。"

我问:"你从中发现了什么?"

段老师:"4大区,每个区域里隐含着主要焦点和多维度的内容。"

我:"那么,请你在课堂上运用一下,然后告诉我效果。"

段老师:"好的。"

但我很有要现场演练的冲动。

我:"谁想来玩一下?"

洪老师总是很积极:"我报名。怎么玩?"

一旁的张老师:"我观察学习。"

我:"好,请说出一件自认为有'真实性'的事情,最好是你排斥、反感或困扰的事情。"

洪老师:"好吧。有时候因为对方非常需要,便答应帮对方办事。但过程中自己又不喜欢再去求其他人帮忙,尽管这些事情也不是很麻烦。"

我:"能再简单复述一下吗?"

洪老师:"不喜欢跟俗人打交道,最好万事不求人。"

其实这才是她内心真正的情绪。

我:"好,明白了。"

洪老师:"下一步呢?那个假设是什么?"

我:"你猜?想一想?"

洪老师:"目标?"

我:"有点相近,再想想?"

其实并不相近。

洪老师:"期望?"

我:"有点相近。我问你,假设与你的真实性正相反呢?会如何?"

洪老师:"什么叫正相反?"

我:"再想想。"

洪老师:"正相反,但那还是我吗?与我个性不相符啊?就好像我喜欢天鹅，正相反的是麻雀？"

我："不是的。假设：喜欢去求人办事，以帮助他人。"

洪老师显然很意外："啊？这个假设是我欠缺的，总结得好！"

我："这不是总结，是假设。"

洪老师："那下一步呢？那个行动是指什么呢？"

我："你来想。"

洪老师似乎很快进入情景："发自内心地喜欢与人交流，求人办事是途径，建立良好关系是目的。享受与人分享和交流的过程与感受，面带微笑，不卑不亢。可以吗？那下一步的那个结果呢？怎么讲？"

不愧是老师，能迅速说出"答案"，可惜并未走心。

我："别急。这个假设至少有三四个层面的含义，行动则至少有七八个五级落地的方法。好好想想？"

洪老师："啊？这么多？假设的3个层面的含义：一是重点放在喜欢上，不觉得麻烦；二是重点放在求人上，不求己；三是重点在助人上，为了帮助他人可以做些牺牲。怎样？"

她太心急了。

显然洪老师的焦点放在想尽快听我解释模型。

一旁的张老师也有点急："我怎么没有什么感觉呢？"

我："今天先到这里吧，明天继续。"

第二天。

洪老师："我的关于假设部分的3个层面含义，您看如何？"

我："很好。还可以有这样的含义：求人办事，是给人机会获得成就感。如果是这样，那么就要求你帮别人办的事就必须是正事、好事、实事、有价值的事。如果不是这样的事情，就不应该帮。你说对吗？"

洪老师："对的，这个角度我没有想到。"

我："行动这部分呢？至少有七、八个五级落地的方法？"

洪老师有所准备："1. 出发点要平和、中正，使自己充沛出于良好动机的动力；2. 提供帮助与信息，不要为难对方；3. 检定问题，尽力做好自己能做的，不去给对方添麻烦；4. 列出对方的收益。"

我："很好，给自己向自己、向他人学习的机会。"

洪老师："您说得更简洁。"

我："后面的会更难，但往往是真正的创新。"

洪老师："5. 将自己学过的九型人格用进去，进行判断和检验。"

我："这个落地，好！"

一旁的张老师说："我昨晚有思考，看来对观察者也很有效。"

洪老师："6. 关心他人的内心世界。"

我开玩笑："加深友谊，使自己有机会请对方喝咖啡。"

洪老师："7. 学会感恩，感谢对方给这个学习和交流的机会。"

我："感觉怎样？"

洪老师："有趣！体会到了这个模型的功能，有收获。谢谢那老师的引导，也谢谢这个工具。"

我："接下来是结果的部分。"

洪老师："好的，如何做？"

我："用左右手栏的方法，你猜呢？"

洪老师："左手是想法，右手是措施？"

我："不是，再想想看？"

洪老师："左手是收益，右手是不足？或者，左手加强？右手停止？"

我："差不多了。"

张老师："左手是 YES，右手是 NO？"

我："左手是预期效果，右手是实际效果。"

洪老师："这要对比呢！"

张老师恍然大悟："哦！"

我:"是的,在抬头处,要写分析。这部分主要是分析结果。"

洪老师:"懂了,工具很落地。这里还可以做一整轮的提问和反思呢。"

我:"是啊,你前两步做得很好,后面的两步要实践过后才能做。但我们可以虚拟地演示一下,根据你过往的经历。"

洪老师:"要不我先实践一下,然后分析如何?"

我:"那当然更好。"

过了几天。

洪老师:"内心准备不足,心里打鼓,敲门时居然希望对方不在,哈哈!"

我:"后来呢?"

洪老师:"后来路上遇到了,用聊天的方式解决了。"

我:"结果部分的左右手分析呢?差距是什么?"

洪老师:"似乎比想象的要好,方式更自然。"

我:"啊,这既有内容上的收获,又有形式上的收获。成功!"

洪老师:"心情愉快!"

我:"那进行最后一步?"

洪老师:"好的。"

我一口气问了3个问题:"从结果分析,如何看最初的'真实性'?从最初的'真实性',如何反观结果?如何从假设反观最初的'真实性'?"

洪老师果断地回答:"最初的'真实性'其实并不真实。主观因素太多,80%都是臆想。"

我满意地收束:"结束。感受如何?"

洪老师:"过程中对自己的启发比问题解决收获更大。真正明白了行动学习的两个维度,解决问题和承诺学习,后者比前者更重要。"

我:"总结得很到位。过程中,感觉哪里是杠杆?"

洪老师："第二步。同时，提问式引导很有效，打开了思维的墙壁。"

我："的确，假设是重要的起点。任何工具离不开提问。"

洪老师："客观第三方存在很重要。"

我："这个案例我会写进书里。"

洪老师："不胜荣幸！"

韩老师："这个工具，主要功能是检定观念。将纠结、困惑和问题赋予正面和积极的意义，使突破就在当下，人生即充满幸福和喜悦！"

洪老师："是的。"

韩老师："于是，人的观念形成也就建立了动力，但接着也就创造出了新的隐形的障碍。这是一个上升的轮回。"

段老师："4个区域，每个区域焦点不同，且存在很多维度，区域互动起来很有趣。第一个区域是真实性，当事人开始都会自以为是真实的，但没有绝对的真实世界。第二个区域是假设，当事人在引导下开始创造一些不同角度的可能性，从中发现并选择行动的方向。第三个区域是行动，通过实践去体验，验证那创造的可能性，奠定了相信'可能性'存在的基础，从而开始松动原有的价值观和思维框架，产生对新体验的信任和情绪记忆。第四个区域是结果，不是普通意义的结果，而是'柳暗花明又一村'，把预期和当下放在一起，使当事人觉察到最初的'真实性'也只是相对的，从而产生对真实性的'全息'式理解，并醒悟到不必固执，而是允许更多可能性的存在，人也就开始'开放'自己的内心。"

韩老师赞道："总结得很深刻。"

段老师："我只是提供不同角度的观察。就这个案例的理解，相信每个人都会不同。这个模型给出松动、重建的过程，有意思的是原有的真实性被新的行动证实了很多侧面的东西。"

洪老师："包括证明了不真实的内容。"

段老师："我更多地感受到不是为了证明不真实，因为无论怎样虚妄，虚妄本身也是真实存在的。更像是为了证明真实性的多种维度。因为没有绝对真实的世界，只有由主观经验塑造的世界。主观世界的维度是一幅全息图，那里是一个系统，其中的每个存在都是真实的。"

韩老师："要尊重曾经的感觉，包括那不够真实的部分。"

段老师："洪老师一开始提出的真实性的内容，也可以理解为一个假设，然后用自己创造的另外的假设替代原有的假设，并在实践中验证新的假设。新的假设不断考验旧的假设，便会无限靠近真实性，最终与事实拥抱。"

韩老师："后来便与真实性无关呢，活在事实中。"

段老师："有这个意思，这又是一个角度。"

洪老师："一个演示性的案例，竟使大家讨论了这么多。"

我："谢谢洪老师的实践和体验，谢谢几位老师的深入探讨！"

韩老师："工具的名称有了吗？"

我："行为改变模型？"

韩老师："具体一点，或者叫观念检定模型？"

我："观念的核心其实是假设，可以叫假设检定模型。"

段老师："这个名称很容易理解。"

韩老师："好名称会使人对内容产生兴趣。"

我："是的，那就叫假设检定模型吧。"

结语

"假设与你所谓的真实性正相反呢？会如何？"这是一个重要提问，一下子就打开了很多种全新的可能，并且在行动层面很容易就能够得到更多落地的具体措施。"从结果分析，如何看最初的'真实性'？从最初的'真实性'，如何反观结果？如何从假设反观最初的'真实性'？"这一连串的提问，能够促动反思。段老师总结得很好："4个区域，每个区域焦点不同，且每个焦点存在很多维度，区域互动起来很有趣。"

事实总是友好的

一次，我讲课，段老师为我做助教。

有一个时期，这个组合经常出现。

他在板书，忽然写字的手停住了，我看到他的脸有些泛红。

我感觉他是遇到不会写的字了。

一瞬间，我有些急，脑子一片空白。

但见段老师缓缓转身，面向全体学员，腼腆而坦诚地说："我遇到不会写的字了，那个字怎么写？"

大家笑了，有几位学员争相说出那个字。

我看到所有学员的神情都很真诚和友善。

啊！原来直接问是此时最好的方法。

就告诉大家：我不知道，我不会。

很简单。

这件事情过去那么久，留在脑子里的印象却愈来愈清晰，时时给我许多直面困难的勇气和接受自己的力量。

我反思自己在当时的反应，为什么是"有些急，脑子一片空白"，因为我没有活在真实的身份中。在我的自我意识中，藏着一个鲁迅先生所谓的"小"。

段老师那个缓缓转身的动作、腼腆而坦诚的样子，仿佛在告诉我：事实总是友好的，活在事实中是很愉快的。

> **结语**　拥抱事实、活在事实中，总会是愉快的。特别是在团队学习的场合，直接说出"我不知道"，才是对团队负责，同时才会赢得伙伴的尊重。如果能在说出"我不知道"之后，再说出"容我想想……""谁还有更好的想法？"那就更好了。

关于催化话题的相互催化

在微信里的对话。

我："如何催化一堂别人的课程？"

张老师："我对这个话题非常感兴趣。"

我："那说说你的想法？"

张老师："提问+ORID。"

我是英文盲，张老师似乎忘记了这一点。

我："ORID是什么？"

张老师："O，代表事实。原课堂上有哪些东西？R，代表听课者的体验。对这堂课的感受如何？I，代表理解到的东西。这需要联结自己已有的知识和经验。D，代表行动方案。准备采取怎样的行动？"

洪老师："这是《学问》那本书里重点推荐的工具。"

我："我读过啊，怎么没有印象了？听起来这个工具是焦点讨论法啊。"

洪老师："是的，都是英文闹的，您就不知道了。"

韩老师："是的，我用这个工具催化过您的'思维创新'课程。"

我："有什么体会？"

韩老师："学员会把课堂上学到的观点与自己的亲身经历进行联结，我通过提问来促动他们进行更深的思考，推动他们落地行动计划。"

张老师："学员听完课80%不会用。只对部分内容有印象。一周后只记得10%的内容。如果进行有效催化，会想起来很多，甚至顿悟很多。以学员在岗位上遇到的问题来催化，会引起学员极大的兴趣。"

我："这么厉害？"

张老师："催化后，重点内容都会记住，且基本会应用。我的感受是，假设一堂课的价值是100，那么催化的价值差不多是50。"

我："学员必须具备什么？"

张老师："学员必须有真实的问题带来。然后催化师利用原课程中的内容去连接学员的问题，建构新的意义。"

我："催化师必须具备什么？"

张老师："至少要先听课，理解原课程的内容。其次是要了解学员，了解学员在专业领域或岗位实践中遇到的困难。最后是掌握提问技术。"

我："是的，提问是核心。"

张老师："您对催化策略是怎样理解的呢？"

我："应该是使用工具，带领学员回顾课堂知识、启动学员经历、从中拿出问题、集体研究解决方案，从而实现在过程中学习。我想提醒大家，催化别人的课程，必须使学员提前知晓这样的安排，以便使学员在催化之前就进入到结构化的听课状态，相当于被催眠。"

张老师："安排是肯定有的。但学员早知道安排不代表能在课堂上'进入到结构化的听课状态'。如何才能获得这样的效果呢？"

我："告诉学员怎样结构化地听课。"

张老师："该告诉学员怎样结构化地听课呢？在什么时候、以什么方式告知呢？如果学员问为什么这样做，怎样回答呢？"

我："这应该是一门课程，在开班典礼之后就要上这门课。"

张老师很认真："相当于热身吗？"

我开玩笑："这不仅是热身，更重要的是热脑。"

张老师："这门课要讲什么呢？"

我："检定组织的学习生态、行动学习的价值观、学习的伦理、学习发生的原理、倾听的原则、阻碍学习的心智模式、结构化听课模式等等。

这种热脑，至少要两个小时吧，要舍得投入时间。不管多长时间的培训班、不管什么样的培训主题、不管什么层次的学员，都要上这门课。如果学员问起，就回答学员说这是促动学习发生的'心灵的钥匙'。"

张老师："啊，明白了。"

> **结语**
>
> 我的"培训导入：学习是怎样发生的"这门课程，就是在这样的背景下产生的。在课堂上几次运用 ORID 之后，我又根据国企干部的特点创造了"三到法"催化工具，即以"听到、想到、做到"为主要流程的课程催化方法。很多学员说："有工具与没有工具就是不一样！""做了'三到法'才知道不记录不行，不复习更不行，我没想到前天的课程，现在就忘了大半！""'三到法'好像挺简单的，其实要做出高质量还是挺难。""开班式上老师讲，每堂课至少要记录下老师讲的 10 句原话，不包括标题。当时我还以为这个要求不算高。现在看，通过'三到法'检验，这个要求真是挺高的。""我现在已经在运用'三到法'组织开各种会议了，很实用！"

关于热脑的问题

然而，张老师仍然极认真，第二天继续发问："关于热脑的问题，能否以文字或语音的方式给我们分享一下呢？可以一次分享一个小题，一次大概 30 分钟？"

我："一个人讲 30 分钟太长了，还是相互研讨吧。首先，你想怎样做？"

张老师："想先知道导入的内容有哪些？比如学习的伦理是什么？"

我："好啊，那么你认为呢？"

张老师好久才说："我想一想，一直在等答案呢！"

我："等来的答案不是答案。"

张老师："这一条就是学习伦理吧？"

我："可以说是吧，但还不是最重要的。"

张老师很快进入状态："1. 只有思考才能得到学习。2. 同学中有我的老师。3. 我在大家的讨论中会得到灵感。4. 跟着学习流程走，就会有与以前不同的收获，会使我受益更多。"

我："很好，开动脑筋了。请将学习的伦理与学习发生的原理区分开。"

张老师："我目前分不清，先想到哪说到哪吧。5. 学习过程中发生的一切意外都是触动自己心灵的，都是学习的峰点。6. 放下职务，此刻我只是一名学员，我要轻松自然地展示自我。7. 重塑身份，我是组织培养出来的，我的提问与答复要基于岗位，匹配我的职责。8. 要充满自信，我是社会人、企业人、个体，我与别人不一样的地方就是我的特色，对于他人来说就是稀缺资源，这是我立足的资本，是我的价值体现。"

一旁的段老师伸出了大拇指。

我："好，渐入佳境，你可以讲 15 条至 25 条。后面会更精彩！"

张老师："先分享一个心得，思考就像喇叭一样，越走口径越大。9. 倾听，别人的特色对我来说也是我的稀缺资源，认真倾听才能获得，这也是一种交换。10. 筛选，别人的想法对我来说一定会有一部分是有用的，其他的部分会对他人有用，我只保留对我有用的部分。"

我："其他的部分你准备怎样处理？建议暂且存放。"

张老师："好的，暂且存放。11. 我的心智模式都是基于过去的环境、经历所建立起来的，未来一定会与过去不一样，我需要胜任未来，这次学习就是一个胜任未来的契机，我要主动打开心智模式的链条或口袋，随时迎接撞击、割裂、插入、修补，然后成长为自己所希望的样子。"

我制造轻松气氛："看，张老师一个人在战斗。"

张老师："我不是一个人在玩，有你们在听，同时我在扮演多个角色，例如课程设计者、授课老师、催化者、学员、观察员、评估者。"

我："角色扮演很成功，请继续。"

张老师："12. 向比我年轻的人学习，因为他们的基因是现代的，是我先天不足的；向比我年长的人学习，因为他们的基因是那个特殊年代的，那种精神会照亮现在和未来；向同龄人学习，因为他们的经历已经沉淀为经验，节省了我成长的成本。13. 提问的能力是管理者的一项重要能力，你提出的问题就是你的格局。我要学会提出能够促动他人思考的问题。"

我："快要撞线了，加油！"

张老师不时在反思："再分享一个心得，当思考被打断的时候，需要再次凝思聚神，往往已经不在原来那个通道上了。这是坏事，也是好事。"

我："你能这样看，学习就会发生。"

张老师："14. 催化结构中，应该设一位由内部专家担纲的讲评师，帮助学员在关键处向更深处挖掘。15. 问题发起人——往往是企业一把手，对最后的行动方案给予可行性评价或审核，并监督实施。16. 当身体与心态都准备好了，该发生的就会发生。17. 当自己信心不足的时候，告诉自己突破的机会其实就在眼前。18. 当不自觉地开始咀嚼发生过的事情的时候，告诉自己学习已经发生，如果继续，还会有更好的效果。19. 当有学员说，这堂催化课比原来的课程更有用的时候，催化就可以结束了。20. 当结束的时候，就是开始的时候。"

我有些感动："还有吗？没想到你真的想到这么多。"

张老师似乎长舒一口气："没有了！"

我："你讲的20条很有实战的意味，很好。但是，你能够区分学习的伦理与学习发生的原理吗？"

张老师："伦理貌似价值观？或者是自我定位方面？应该是根子上的东西。好的伦理有助于学习的发生。至于原理，是规律性的东西吧？无论伦理如何，遵循学习规律也会有收获，但这种收获会受到限制。"

我很惊讶张老师的思考力。她今天的表现很令人感到惊喜。她从最初的只是想要答案，真正成了一名学习者。我虽然知道这是我促成的，但我还是没有想到教练的作用是如此之大。这时候我的体会很深刻：教练与被教练其实是同时发生的——对于双方都是如此。

段老师在一旁又伸出大拇指。

我对张老师说："很好。然后，试着将你的20条区分开？"

张老师："您说说？我卡住了。"

我："卡住了？恭喜！那是学习正在发生呢！答案在你那里。答案就在你卡住的地方。我这里，只有我自己的答案。你该找你自己的答案。"

张老师很可爱："我怎么才能得到你的答案呢？"

我："等你从卡住的地方走出来之后吧，我会告诉你。"

张老师很听话："好吧。我先整理一下我的20条吧。依照我自己的理解，分成伦理与原理两部分。"

我："过程中请合并、删除、增多、减少，各剩下5条，共10条。"

张老师："好的，我试试。"

过了一会儿，张老师发来两张表格："经过精心整理，共9条。为什么结果真的如你所说一样，是这么多条呢？是引导还是暗示的作用？"

段老师："你的思考力量很强！在我旁观者这里，学习也发生了。"

张老师谦虚："我的计算机表格用得好。不过，思考需要时间，需要安静的环境，需要连续不断地进行，这样才会有收获。"

我开始兑现承诺："关于你自己这样一番努力得到的成果，先存放以备一说。然后清空头脑，去聆听他人的想法。瑞文斯关于学习的核心价值观——我愿意称之为学习的伦理，他讲过5条，第一条就是：从无知开始——从承认不足和不知道开始。瑞文斯这一点讲得很干脆。我的想法要温和一些，就是学会聆听。你认为呢？"

张老师："他讲的这一句确实是价值观，是潜意识中应该具备的。您说的学会倾听则是基于这个潜意识应该具备的行为或技能。他讲的，在潜意识里很难做到，需要修为。但他这句话说得非常好，潜意识是知道自己

'无知'的，潜意识为了保护自己，便会产生力图使自己'有知'的行为，于是学习发生了。对此我有体验。我常常危机感很强，来源就是感觉自己无知。他讲的第二条呢？"

我："他讲的第二条：对自我要诚实——什么是一个诚实的人，我需要做什么才能成为这样的人。这一条讲得很无情，让人羞愧。我的想法同样要温和一些，就是学会善待自己。你认为呢？"

张老师："您是如何通过理解这句话而得到后面'善待自己'的想法的呢？思考路径是什么样子的？为什么用'无情'这个词？又为什么说'羞愧'？你又是如何善待自己的？能否举例说明？"

我："想想我们的环境？还有学员们的状态？不用举例，你懂的。"

张老师："是的。其实这第二条有点惊着我了，不太符合中国企业领导干部的思维模式。'善待自己'诠释得淋漓尽致。第三条呢？"

我："他讲的第三条：承诺采取行动，而不仅仅是当听众——行道比悟道更有意义。瑞文斯这一点讲得很令人尴尬，通常会使人退避。我的想法同样要温和一些，就是承诺运用所学去做一件力所能及的事情，根据效果决定还要不要继续。你觉得呢？"

张老师："这一条要好理解多了。第四条呢？"

我："第四条：重视友谊的精神——一切有意义的知识是为了行动，一切有意义的行动是为了友谊。第五条：以在世界上行善为目的——做一点善事比写一本书要好得多。这两条，我个人的主张是一句话：学习是为了让自己有本事使他人过得更好。我是当真这样想、这样做的。"

张老师："我理解。能不能重新陈述一下您的想法？"

我："我对学习的核心价值观——我称之为学习伦理的理解是：1. 学习是人活着的象征，是人活着的极其重要的形态，或许是第一形态。2. 学习就是最大限度地善待自己，使自己更像人。3. 深度聆听是对他人的尊重，同时才会发生学习。4. 承诺运用所学去做一件力所能及的事情，根据效果决定还要不要继续做。5. 学习是为了让自己有本事使他人过得更好。"

张老师:"我对瑞文斯的第三条的理解是:承诺行动,而不是承诺行动的效果。把学到的东西用来解决问题,在实践中验证和理解学到的东西,并形成经验和能力沉淀下来。所以我主张在学习过程中必须公开承诺行动,人总要努力兑现自己公开承诺的东西。"

我:"其实瑞文斯这几条讲得是对的。只是太狠了,直击人性的弱点,这样我们国企的领导干部多数会反感。"

张老师:"他讲的最后两条,随着岁数越大越有感触。其实他的本意没有什么感情色彩。可是却直指人性的弱点,于是身心系统便启动了保护机制,不接受那个'无情'之箭。这与东西方思维与语言模式的差异有关系。所以,对这些理念的解读要本土化,否则就会出问题。"

段老师说:"那老师的解读是考虑到不同文化背景的接受模式和不同群体的承受能力。活学活用。这便是学习中的灵活。"

张老师:"段老师,你是怎样理解的呢?对于学习的核心价值观与学习的伦理,我其实还没有琢磨透。"

段老师:"我的理解,学习的核心价值观其实是身份定位的问题。但伦理的层次更高。身份定位即指'我是一个怎样的学习者,在学习中我所秉持的理念是什么'。"

张老师:"这的确是极重要的。"

> **结语**
>
> 一个人若认真起来,思考力会极强。正是受到那句"等来的答案不是答案"的刺激,张老师脑力全开、硕果累累。一个人若拥有真正的难题,那么就意味着他一定有自己的答案;由这样的人组成的学习团队,将所向披靡、无坚不摧。

执着的张老师

张老师的执着真是令人敬佩,第二天又提出继续研讨。

张老师："关于学习的伦理先存放着。接着进行啊？阻碍学习的心智模式、学习发生原理、催化结构等等。逐个突破！最好按照逻辑顺序来研讨。"

我："逻辑顺序：学习的伦理、学习发生的原理、阻碍学习的心智模式、催化结构。那么，关于学习发生的原理，你怎样看？"

洪老师："好问题啊，学习是如何发生的？这是决定学习方式和学习内容的本质问题。"

韩老师："瑞文斯的5条似乎能把人催眠到打开、自律、锚定、赋能、超我的逐层递进状态。对此，张老师的思考太有力了！"

张老师："瑞文斯的5条直指动机，会让你的学习朝着正能量和行善的方向前行。我对学习发生原理的理解是：1. 时机。当你充满好奇的时候，当你遇到矛盾无法决策的时候，当你想好要做却感觉资源不足的时候，当你想要得到愉快的时候，就是学习的最好时机。"

张老师又开始发力了。这一次，她显然有备而来，在进行自我引导。

张老师："2. 碰撞。当你的旧知与新的事件相遇，或旧知与新岗位、新环境因不适应而发生碰撞的时候，学习就会发生。3. 建构。旧知与新知相碰撞，生成新的意义，学习就会发生。"

我："很好。你的第一条可以加入一句话，快乐的情绪也是学习发生的契机。对吗？比如，高兴之后，该问自己学到了什么？"

张老师："当这样询问自己的时候，便会将看到的、听到的、感受到的、理解到的进行分析过滤，归入到大脑新生成的网络中，是这样吗？"

我："情绪从来都是在告诉自己，该从哪里去学习。"

张老师："伦理、原理、方法，这些词还是在卡着我。"

段老师："伦理是方向，原理是规律，方法是途径。"

洪老师："我讲一个案例吧。有一次，我们三位同事同时听一堂课，然后回来跟大家分享，结果三位同事掺杂了基于个人经历的理解，他们的分享既忠于原课，又别开生面。所以，每个人都是型号不同的学习发生器。"

韩老师："伦理是道德层面的准则，是在标志学习的意义。原理是规律，方法是实施的步骤。"

洪老师："归纳为洋葱模型：内核是伦理，中间是原理，表层是方法。"

韩老师："如果用'为什么、是什么、怎么样'这三个层面来解释呢？感觉学习的背后是目的、意义，会给你、我、他以及社会带来什么？这是人类社会前行的根本动力。例如科学的善恶之问，就在伦理层面。"

我："请大家注意，瑞文斯的 5 条是行动学习的价值观。我讲的 5 条是学习的伦理。题目上有区别，内容上也就有区别。"

韩老师："伦理的层次更高。"

段老师："伦理在 NLP 中属于系统层面，价值观则每个人相对独立。"

张老师："伦理相当于数学中的公理，不需要证明。价值观相当于数学中的命题，需要放在一定的条件下才能判定成色。它们是从属于不同维度里的两股力量，通过题目纽结在一起才会发生化学反应。"

段老师："行动学习是学习的路径之一，其核心价值观支撑路径存在。学习的伦理是在学习层面说话，行动学习的核心价值观只在行动学习这个学习的子系统里说话。"

张老师："请您举例说话？"

段老师："比如：1. 你不断获取知识的意图是什么？2. 后备干部培训班决定采用学员当案例式学习主持人的理由有哪些？请你尝试在心里回答这两个问题？然后感受一下不同？"

张老师："好的——回答完了。"

段老师："你发现了什么？"

张老师："没感觉出什么伦理、价值观方面很深的东西啊？一个向内问，一个似乎向外问。"

段老师："有什么不同？"

张老师："第一个问题的答案会是由由浅入深的多个部分纵向组成，关乎伦理；第二个问题的答案会由多个并列的部分横向组成，关乎价值观。

是这样吗？"

段老师："你来决定，你说了算！"

张老师："但是，还没透彻。"

段老师："向内会发生什么？我好奇这里！"

张老师："让学习的目的更清晰、明确。"

段老师："向外，又会发生什么？"

张老师："自然是拿尺子去卡人喽！"

段老师："这时候内与外是什么关系？"

张老师："有相同之处。段老师，您的看法呢？"

段老师："伦理指导产生价值观。价值观指导产生行为。"

张老师："学习与行动学习的区别呢？"

段老师："学习在行动学习之上，行动学习是学习的子系统。"

我："是这样的。"

张老师："这方面的内容很应该成为专门的课程。"

我："是的。我已经将我的课程《何谓内训师》更名为《当今组织学习生态系统建设理念与方法》，由半小时改版为半天。现在正在备另一门课，《学习的伦理与学习发生的原理》，两个小时的课程。"

张老师："后一门课程就是这两天我们讨论的内容吧？准备用在哪里呢？"

我："是的。配置于所有的培训班开班典礼之后。无论培训班什么层次、无论培训班多长时间、无论培训班什么主题。"

洪老师："这个好！就是题目有点不通俗。"

段老师："这个好！"

张老师："快点说出来内容吧，都逼一天了！"

我："还需要两周。"

段老师："伦理解决动力，是动力之源。原理是公式，解决具体问题。可以这样理解吗？"

张老师："我非常感兴趣这些问题！我要是弄清楚了，就可以给学员热身了，可以将福祉传递下去！想一想有点兴奋。"

我："《学习的伦理与学习发生的原理》，这个名称是有点生僻。"

洪老师："就叫培训导入呢？"

我："好的。就叫《培训导入：学习是怎样发生的……》"

段老师："这个名字好。"

韩老师："简洁、清晰、吸引力强。"

张老师："具体内容呢？准备讲哪些问题？"

我："准备讲5个问题：检定学习生态的平衡轮、学习发生的原理、行动学习的核心价值观与学习的伦理、妨碍学习的12种心智模式、结构化听课模型。"

张老师："期待！到讲课的时候替我录音。"

结语

"情绪从来都是在告诉自己，该从哪里去学习。""每个人都是型号不同的学习发生器。""伦理是方向，原理是规律，方法是途径。""如果用'为什么、是什么、怎么样'这三个层面来解释呢？""行动学习是学习的路径之一，其核心价值观支撑路径存在。学习的伦理是在学习层面说话，行动学习的核心价值观只在行动学习这个学习的子系统里说话。"正是张老师的执着，才激发我们的讨论逐层深入，各自收获所得。

关于学习的深度探讨，离不开研究人的需求。人的需求，例如：交往、控制他人、理解世界、生理、趋利、避害。而这一切都需要通过学习才能获得满足这些需求的能力。行为学派认为，针对以上需求的奖励系统是激发某种理想行为的最有效的方式，看重结果。认知学派则认为，人是根据对外部事件的理解来做出反应的，看重认知。而建构学派认为，行为既取决于行为结果，又取决于个人信念。建构学派的代表人物杰洛姆·布鲁纳说："教学的中心目的是培养概念理解力、认知技能和策略，而不是获得事实性的现成信息。"

再问一次，你是谁？

微信里的对话。

一位朋友："你看过电视剧《伪装者》吗？那里面的男主角很像你。"

我："是吗？我没有看过这个电视剧。"

朋友："剧中人物叫明台，是个机智、勇敢、调皮、有担当的人。"

我既没看过这个电视剧，也没有在意这件事情。

可是，陆续有人这样说：电视剧《伪装者》里面的男主角很像你。

于是，我打开电视，好奇地满世界找这个电视剧。果然找到了——很多台在播。我很惊喜：因为男主角年轻且帅，而我是个半大老头儿。

不久，又一位朋友："你看过电视剧《琅琊榜》吗？男主角很像你。"

我："是吗？我没有看过这个电视剧。"

朋友："你去看看，叫梅长苏，有才情、有谋略、有魅力。"

我仍然没有在意。

可是，陆续有朋友说：电视剧《琅琊榜》的男主角很像你。

于是，我打开电视，好奇地满世界找这个电视剧。果然找到了——很多台在播。我很惊喜。因为扮演男主角的还是那位很帅的小伙子，叫胡歌。当然就一点都不觉得像我自己。

但是，我开始认真思考：说一个人很像另一个人，究竟是指什么呢？

刚好，一位平时很严肃且几乎不看电视剧的年长朋友说："你看过电视剧《琅琊榜》吗？你与梅长苏形神俱像。"

我立即说："很多人这么说，可我自己看不出哪里像啊？"

朋友也立即说："你真的了解本质的你吗？"

我怔住了。

这也许是我要的答案？说一个人像另一个人，是否证明：你给每个人留下的印象并不等同于你对自己的认知。

原来，我在别人的眼里是那样的？

那么，我是谁呢？

认真思考，我发现自己并不能认同别人眼里的我。我不觉得自己是机智的，相反我觉得自己迟缓近于木讷；说到调皮，少年时候是有些喜欢恶作剧的，成年后这种本领几乎丧失且绝少外露；至于勇敢、担当、才情、谋略、魅力，都觉得自己远远不够，甚至觉得自己是正相反的。

那么，是别人对我的认知发生了错觉？这很可能。

但如果是错觉，我又好奇于这错觉为什么如此一致？

人是在经历中成长的，人对外界的判断也是基于自己的经历而产生认知。因此，绝对的真相并不存在。世界所折射在人们头脑中的影像，无一不打上个人经历的烙印。具有相同或相似经历的人，会产生相同或相似的认知。我对于他人是客观的，他人眼中的我却是主观的。包括我眼中的我，自然也是主观的。但若将他人眼中的我相加再平均处理，应该就是相对客观的我。这一相对客观的我，也许就是我粗略的本相。

我反思：也许，这个粗略的本相正是我有意或无意留给他人的印象。

那么，那些"相加起来再平均处理的客观"，终究还是靠不住。

人在潜意识中，很注意扮演自己想要成为的那个人。

但如果能扮演一辈子，也难。

我勉强可以得出这样的结论：如果那个明台或梅长苏是个新鲜的大苹果，我则是那个同一棵树上结出来的接近丑陋的老旧的小苹果。

正当本文完成的时候，一位久未联系的大庆朋友打电话来，直截了当地说："看过电视剧《长沙保卫战》吗？"

我心一动，莫非想说我像薛岳？嘴上却在沉静地回答："我很少看电视剧，但这部是大致看过几眼的。"

朋友说:"你没觉得,你很像里面的薛岳吗?我一看到这部剧,就想起我们十几年前在一起工作的日子,太像了!我老婆也说像。"

我在想:"胡歌和张丰毅也能联系起来?"

我说:"哪里像?我怎么不觉得?"

我真的不觉得像。

朋友说:"我至少有十次要给你打电话!就想告诉你这件事。哪里像?薛岳总打胜仗,骨子里很傲,涉及原则问题的时候绝不通融,对老百姓好,不惧怕鬼子,对蒋介石既尊重又敢于坚持观点,这些都像你啊!张丰毅演得那个严肃而又不在乎、不计较什么的神态,都像你平时的样子!"

我说:"我承认傲这一点是有点像,其他方面哪里有那么像?可能有一点点像,但我要差得远。"

朋友正在兴头上,仍很热切地说:"不,都很像!"

我说:"你是年龄渐渐大了,开始回忆过去了。"

朋友语调一下子缓和下来,有些动情地再一次说:"一看到这部剧,就想起你,想起我们在一起的日子。"

在别人的眼里,最初我们是血肉的;经多年沉淀之后,就是概念的。

我到底是谁?这要谁说了算呢?

> **结语**
>
> "我对于他人是客观的,他人眼中的我却是主观的。""人在潜意识中,很注意扮演自己想要成为的那个人。""在别人的眼里,最初我们是血肉的;经多年沉淀之后,就是概念的。""我是谁?"这是一个伴随一个人终生的命题。稻盛和夫有一句话:"人的出生是因为必须被生下来。"真要听进去,心会一颤!使命感油然而生。印度思想家商羯罗说:"真正的自性就是永恒的觉知,它永不停止对无限的体验。"每个人都在这条自觉的路上,有人跋涉、有人观望、有人停步不前。

关于盔甲的讨论

还是微信里的对话。

我:"昨天我将自己的一门领导力课程砍掉80%的内容,这门课程是讲授式的,时间为一天,可以说是我的核心课程,在油田外部企业很有口碑。今天上午我将剩下20%的课程做成行动学习,大家猜课堂上发生了什么?"

张老师:"场面沸腾了?于是你的讲授式课程开始重新考虑授课方式了?什么层次的学员?"

我:"不准确,再猜。正处级干部,平均年龄43岁。"

段老师:"深刻?切己?热烈?"

我:"也不准确。你们很难猜到。"

段老师转换方向:"这20%的内容是什么?用了哪种行动学习方式?"

我:"12句话导入,例如'他没和我沟通啊,我有什么办法!'我个人的12个案例研讨。采用焦点讨论的引导技术,进行结构化研讨。"

段老师:"自主学习发生了?"

我:"不准确。你们猜不到,因为你们高估了我,更高估了学员。"

段老师:"啊?"

我:"我今天的感受很深,我们其实对培训的真相知之甚少!"

张老师:"啊?"

我:"我相信,如果我下次再将今天的内容砍掉一半,会发现更多!"

张老师:"正处级干部?那么年轻?不至于啊?难道他们懵了?"

我:"我已决定,下次再将今天的内容砍掉一半,我要了解真相!"

张老师:"对于他们来说,这种状态比学到什么知识都重要。对于你来说，也是一种冲击。去年我在一个处级干部培训班上被打击得体无完肤，因此改变发生了。我们在改变……"

段老师："很难猜，很重要的发现。"

张老师："快说，发生了什么呢？"

我："告诉你们，他们两极分化了！我也是头一次遇到，一派赞成，一派愤怒地反对，没有中间分子。"

段老师："啊？真想不到！会是这样极端？"

我："尽管我砍掉了绝大部分内容——当然时间也比以往少了半天，他们仍然难以消化这些案例。还有，我的新课《培训导入：学习是怎样发生的》现在看极其重要！如果一个培训班只上一天的课，那么就应该是这门课！很多领导干部惊人地不知道学习本为何物！"

段老师开始教练："反对派的理由是什么？他们担心什么？"

我："反对派被激怒了！嗓门很大。但与反对派形成鲜明对比，支持派不说话，很超然地沉默，只用热切的目光迎接我，向我点头致意！"

段老师："你还没回答我的问题？"

我："我感觉大约至少有 1/3 的人是反对派，这还不包括沉默中的反对派。反对派的理由？我感觉是'这不对！这不可能！这是瞎扯！'他们在担心什么？我想是他们的经历、经历构建出来的面子、面子背后的位子？这只是我的直觉！但我洞察到他们的潜意识更担心：'我若承认你，我便没有价值。'所以，拼死捍卫自己存在的价值感！"

张老师："真的没有中间派？没有观望者？还是在现场你判断不出有这样的人？"

我："我没有看到，这也很稀奇啊！"

段老师："这是国企领导干部培训最难的地方，坚硬的保护层！"

我："这门课程之前的口碑相当好，或许就是因为没有用行动学习的方式撞击到他们内在最坚硬的部分！使他们还有归罪于人的退路！过去这门课程的案例是核心，也是最吸引人的部分。今天，这些案例却成了争议乃至争吵的焦点！而过去这门课程中同样吸引人的观点，今天仍然受到欢迎，欢迎者中竟然还包括跳出来的全部的反对派！"

张老师："有趣了！"

段老师："我猜测，坚硬的保护层，是身份层次长期不够清晰，导致信念层次与身份层次有冲突。主要是身份层次里某些自我的部分习惯性放大所致。"

张老师："那老师，这就应了你曾说过的一句话：'形式就是内容'。这句话目前还有很多人是不赞同的。"

段老师："是的！"

我："这又证明了一个道理：讲道理真的很迷惑听道理的人，甚至迷惑讲道理的那个人！"

段老师："这是重要的发现和提醒！"

张老师："什么意思？"

我："讲道理以为成功，便愈加会讲道理。其实，那是因为没有经行动学习来检验。今天的反对派竟然支持我的观点、道理，又有什么正面意义呢？太讽刺了！"

张老师也开始教练："还检验到什么？于是会怎样呢？"

我："说与做，不能协同；待人与待己，不能一致。这样下去，国企无望。"

段老师："在任何系统里，都有这样的现象！就看主流是什么。您所做的工作，是在推动、形成趋势，我们都在跟随，绝不投降！"

我："我宁可将我自己以往受欢迎的核心课程肢解，也要为企业负责。我今天更加发现，我所面对的陈旧势力无须团结便极其强大。我有一种一个人在战斗的感觉。像堂吉诃德，向巨大的风车挑战。"

段老师:"所以,我理解了当年请戴志强老师来油田讲课被拒绝的原因了。他说'国企的盔甲太厚了'。"

我:"他知趣,且懂得界限。"

段老师:"是啊!"

我:"我们则不同。因为我们的位置和界线就在这里,没有别的选择。我也不允许自己作别的选择。"

段老师:"没有退路,停下也是等死!"

我发出一个笑脸:"投降倒可以活。但我早已过了投降的年龄!"

段老师呵呵了。

张老师:"复旦大学有一位心理学教授,他公开说不给国企上课,因为他的课很贵,国企听了也是白花钱。听到这话,我心里非常难受。"

我:"以我的经历加上年龄,除了真理,没有什么能诱惑到我了。"

段老师:"其实国企已有一大批觉醒的人,只是比较分散,聚沙成塔需要时间。"

我:"是的!今天的支持派就是这样的人,这样的人在每个培训班上都有很多。只是奇怪,今天的支持派都像佛一样笑而不语,更不争论,只是用热切的目光望我。这种态度很让我惊讶。"

段老师:"身份层面的混乱不清主因是您提到的'诱惑',背后是利益,更重要的是隐藏着的习惯。放大的自我就会忘记自己在系统中的位置以及意义!"

我:"我与前面你们讲到的两位老师正相反,我只愿意接受国企的培训班。情之所系!"

张老师重复我的话:"情之所系!"

段老师:"系统中的位置和意义如果变成了虚拟的,身份就没有了,信念和价值观就会变成借口了,盔甲就是这样形成的。"

我:"是的!"

段老师:"您本人在系统中的位置和意义是真实的,接下来的层次都是合一的。您的课涉及的都是 NLP 理解层次中的上三层。将来,您与 1/3 的学员发生冲突会是常态。您没有发现私企都喜欢您的课?"

我:"其实,凡是邀请我讲课的,都喜欢我的课。想想,还真是国企的处级干部培训班更喜欢我的课。"

段老师:"认同观点是给面子,拒绝行动是保护恐惧的心。"

我:"不,认同观点与拒绝行动是一致的,目的都是保护恐惧的心!"

段老师:"理解。"

韩老师:"讨论这么多内容?我来晚了。当行动学习来临之际,学员们的真相会浮现出来,会是这样的,将来更会是常态。其实,这很好,双方都会有触动,收获各自体验到的东西。"

洪老师:"我也来晚了,今天的讨论值得深思。"

韩老师:"会有多少学员存在内心与外在的分裂?"

洪老师:"好问题。"

段老师:"好问题。但是过程中不要判断,这会影响催化师中正的态度。"

韩老师:"反对与支持都是教学的效果。我们看到就好了。他们有选择的自由,进入思考状态已经很好。"

我:"培训不会使所有人发生改变。接受这一点,我们会更有力量。"

张老师:"我曾听一位老师说过,培训不会使所有人发生改变,只要课堂上有人愿意改变,就值得付出。"

段老师:"是的,因此我们无须对抗,这样才会使转化工作变得灵活多变。如果允许有人不愿改变,事情就变得更简单。对于这部分人,也许缘分未到或时机未到!不过,也许我们的首要责任是满足那些有愿意改变的人。不在缘分或时机未到的人身上投入更多时间。"

我:"是的。老子讲,'天地不仁,以万物为刍狗。'听起来像是无情,其实这是顺应自然的态度啊。"

> **结语**
>
> "国企的盔甲太厚了。""我们其实对培训的真相知之甚少!""很多领导干部惊人地不知道学习本为何物!""讲道理真的很迷惑听道理的人,甚至迷惑讲道理的那个人。""身份层面的混乱不清主因是'诱惑',背后是利益,更重要的是隐藏着的习惯。放大的自我就会忘记自己在系统中的位置以及意义!""反对与支持都是教学的效果。他们有选择的自由,进入思考状态已经很好。""因此我们无须对抗,这样才会使转化工作变得灵活多变。如果允许有人不愿改变,事情就变得更简单。对于这部分人,也许缘分未到或时机未到!不过,也许我们的首要责任是满足那些有愿意改变的人。不在缘分或时机未到的人身上投入更多时间。"这些句子如果转换成提问,会更有力量。

梧桐树上的昆虫

北京的春天,太阳暖洋洋的。

中午饭后,我坐在学院梧桐树下的长椅上。

天很蓝。还有白云朵朵。

心静下来,我便看到梧桐树上落着一只昆虫。

拿出手机,我对着昆虫拍了三张焦距不同的照片,端详着。

然后,就在微信里借此发生一段讨论。

我郑重提问:"各位,我们需要好好地回答一个问题,我们究竟为什么做培训?我们的目的是什么?我们想达成什么效果?"

韩老师没有直接回答："这是个基本问题，也是个大问题。"

我换了一个角度去深化前面的提问："搞培训工作除了谋生，我们还需要为了什么？"

韩老师："传承知识？积累经验？这回答太传统了吧？"

我："没有错。但是，很多做得好的、做得不好的、做得一般的培训工作者，也会这么说得掷地有声。结果为什么却不一样呢？"

韩老师："是啊，说得一样，做得不一样。是因为理解得不一样吗？"

我："为什么会说得一样呢？为什么理解得不一样呢？"

我将刚刚拍下来的三张照片发了过去。

我接着问："你们看到了什么？"

第一张照片，粗壮的树干上有一个小小的黑点，不会有谁注意到这个黑点。第二张照片，斑驳的树皮上那个黑点似乎是个昆虫。第三张照片，那个黑点不但是个昆虫，而且还很漂亮。

我解释："我刚才坐在院子里的长椅上晒太阳，看到梧桐树上落着一只小昆虫，便想到这个问题。"

韩老师的思想一下子被直观的画面导向深刻："同一个客体，不同的主体会得到不同的判断，进而产生不同的行为，便带来不同的结果。"

洪老师向韩老师伸出大拇指。

我："说的一样，容易。理解不一样，可以理解。行为不一样，有点麻烦。结果不一样，很糟糕！"

韩老师："有的人只为谋利，失去本真。对于我，走上讲台，让我看到自己的价值，经历人生的另一种活法！"

我："我端详这三张照片，给我一些思考。梧桐树，象征培训之体。小昆虫，象征培训之点。不断放大这个点，使'体'与'点'构成连贯的意义，则是培训之目的。所以，我发现培训的意义在于什么？两个字——聚焦！"

韩老师："聚焦会给培训带来哪些变化？"

我没有直接回答:"只有小、小、小,才知真相与意义。"

韩老师:"有些感觉了。"

段老师:"我的感受是这样的,培训对于培训工作者或管理者是工作。工作本身有自己的意义。另一个重点就是工作者个体的生命意义或人生意义,这份意义与工作本身的意义要在某处产生共鸣,使系统与系统之间发生互动,才不会因为谋生而产生各种冲突或背离意义。"

韩老师:"那你怎样回答那老师的提问呢?"

段老师:"好的。为什么做培训?是因为热爱生命、尊重生命。培训的目的,是为了改变。想要的培训效果,是给学员带去体验。"

韩老师:"为什么说是给学员带去体验呢?"

段老师:"人类的已知与未知相比很渺小,尽管人类每分每秒都在创造。个体所能认知的全部与人类已知的容量又无法相比。所以结论是个体的已知就更小了。因此,创造体验的过程,并在过程中允许个体自主取用有价值于自己的内容,让个体自己做选择,学习也就发生了。所以,我赞成那老师'小、小、小'的说法,用'更小的点'去展开大体验。"

张老师:"培训可以使人类成长的成本降下来。"

洪老师:"同意。培训应该聚焦于小小的改变。"

段老师:"喜欢这三张照片,真有灵感。"

韩老师问我:"那您自己的回答呢?"

我没有直接回答:"昨天江苏一位老师打电话,让我感慨。老先生60岁了,听过我的课。他听说我去电厂当书记,竟然几个晚上睡不好。"

洪老师:"心怀苍生和正义的人。"

我:"他患了绝症,却还在天天讲课。"

洪老师:"我的九型人格老师已经离开了。他也是患病期间授课,令人难忘。他说上课可以忘掉病痛。"

我:"我印象中他很认真地听课,不时迫切地与身边的老师交换看法。那天座中全是老师。"

洪老师："每个人都有自己的人生使命和人生课题。在薄情的世界里觉悟地活着。"

段老师："热爱生命！"

我："喜欢这句：'在薄情的世界里觉悟地活着。'"

张老师："这个世界挺好的！"

我重复："这个世界挺好的！"

韩老师一直在等着我的回答："那您自己的回答呢？"

我："我很现实，崇尚实用。我是因为能够按照自己的价值观行事，才做培训工作的。目的，是成仁。想要的效果，是修正思想、改变行为。"

韩老师："您既喜欢、又擅长培训工作。"

我："我并非只喜欢、擅长做培训，而实在只是因为目前只有培训能允许我最大限度地践行自己的价值观。并非只有我的价值观是正确的，而实在只是恰好我有那么几次重要的战略选择是正确的。"

韩老师改换方向深入探讨："如果您遇到作秀的培训任务呢？"

我："在执行中，使之成为正确的！"

韩老师："例如呢？我是指手法？"

我："将问题切碎。越具体便越深入，越深入便越实际。"

韩老师："还有呢？假设在行动学习中呢？"

我："艺术地打断作秀式发言，使之聚焦于成果，导向去思考措施。当然最好提前告知学员，要言之有物。还可以确定几个子话题，确保切入主题、围绕主题。"

韩老师："'使之成为正确的！'这思路好！等于作秀任务提供给我们挑战自己的机会，这样就无惧其他任何任务了！"

我："我喜欢你这句：作秀任务提供给我们挑战自己的机会。"

韩老师："可是，我有时节奏太快，学员有压力，像逼着他们思考。"

我："催化师要学会在提出问题后，保持沉默，只是注视。"

韩老师："为什么？"

我:"代表尊重、感兴趣。同时,给他们思考时间。"

韩老师:"您在回答'为什么做培训?目的是什么?想达成什么效果'这个问题的时候,为什么提到价值观?"

我:"是想说培训只是一项工作。不过是众多工作中的一项。"

韩老师:"可我在培训工作中得到肯定,激发了自信。这当中,难道存在根源性的不自信的问题吗?"

我:"是的。你怎样看我对那三个问题的回答?"

韩老师:"没看到与我不自信的问题有关联哪?"

我:"没有直接关联。但本质上有关联。"

韩老师:"烧脑!"

我:"你不需要只从培训工作上寻找自信。"

韩老师:"啊!"

我:"你从任何工作中都可以。相信你自己。"

韩老师:"没这样想过。醍醐灌顶之句!"

我的反思是:从哲学的观点看,小便是大,少便是多;他人便是自己,自己便是世界。

> **结语** "我们究竟为什么做培训?我们的目的是什么?我们想达成什么效果?"很简单的几个问题,但若认真回答则殊为不易。"面对作秀的任务,在执行中努力使之成为正确的!"这是一个很适合国企现实的想法,对中层干部有普遍的指导意义。

小男孩下床的启示

刚刚一位朋友在微信里发了一个视频:一个大约3岁左右的外国小男孩,要从高大的床上下来,他先趴在床边用腿向下探了两次,没有探到底,便缩回来，回头看了看，床上有三只厚厚的大枕头，他搬下来一只，扔在床下，接着又搬下来两只，然后他按照之前的姿势，趴在床边用腿向下探，虽然还是没有探到枕头，但他心里有底，顺势滚下了床，落在枕头上。

这个有趣的视频传播很快，几位大庆和北京的朋友都说刚刚欣赏过。

于是，在微信里我发问："小男孩在告诉我们什么？"

张老师回答很简洁："目标、资源、探试、勇气、成功。"

这次我决定先告知我的想法："1. 遇到真实问题，'这是怎么回事？'；2. 向自己求助，'我该怎么办？'；3. 寻找环境中的资源，'我有什么？'；4. 发生回忆，'我过去是怎样做的？别人是怎样做的？'；5. 产生创新，'虽然我没有做过，但类似的几件事情我做过或看到他人做过！是否可以联结？'；6. 发动自己，'试试看？'；7. 鼓励自己，'好像可以哎，那么继续努力或许可以成功！'"

洪老师："思考过程再现。"

我："我的这段分析是运用了杜威的思维分析法。向杜威致敬！"

洪老师："学以致用。"

我："其中只有一条是学习。猜猜看？"

洪老师："第四条。"

我："NO。"

洪老师："第五条。"

我："YES。"

洪老师："这就解释了之前您的问题：学习是如何发生的。"

我："是的。"

洪老师："与问题、行动、情景和经验密切相关。缺一不可。"

我："是梧桐树上的昆虫给我启迪，才想到杜威的。恰好这时有人发了这个小男孩下床的视频。不过并非缺一不可。"

洪老师："和牛顿的苹果有相似的功能啊！为什么说不是缺一不可呢？"

我："除了第五条，人人皆会。所以，那些竟然都不是学习。"

段老师："可以研究一个学习发生器的工具。"

我："把第五条结构化，会是什么？"

张老师："这个问题是我前几天被卡住的问题。"

段老师："题目、经验、资源、关联、可能性、尝试、修正、落地。"

我："只将第五条结构化。"

段老师："好！评价可能性、关联思考、尝试连接。"

我："怎样才能具体一些？"

张老师："应用已知，去解决新的问题，便会产生学习。"

我："是怎样做到的？过程中具体的因素是什么？"

段老师："1. 拆分，多轮次启动经验；2. 提取关键要素；3. 评估可行性。"

我："我想用一个公式将第五条结构化。$A = (A_1 + A_2) \times A_3$。其中，A 代表解决真实的难题，$A_1$ 代表从自己过往的经历里与难题'相似'的若干事件中提取出来的重要的成功元素，A_2 代表从他人的经历里与自己面临的困境'相似'的若干事件中提取出来的重要的成功元素。A_3 呢？大家猜？"

段老师："模式？"

我："A_3，是提问。在提问中生成什么？"

段老师："生成可能性？"

我："经联结、整合而生成新的信息。生成的是一种新的信息。这就是创新。这就是学习。学习的本质就是创新。比如，你跟我学一项技术，对我而言，这只是一项成熟的技术，可对你而言，就是创新。"

段老师："理解。"

我："学习不可以不是创新。学习无法不是创新。"

段老师："是的！"

我："对企业管理而言，尤其如此。因为管理没有标准答案，它只是实践，并且全部都是实践。请大家思考，如果从对公式的描述中挑出一个关键词，会是什么？"

段老师："联结。"

我："是'相似'这个词。这个词杜威先生很重视。我觉得这是他一生中的重大发现。"

段老师："相似与模仿，有哪些相同或不同呢？"

我："相似指向过去。模仿指向当下与未来。并且，相似与模仿的关系是：相似是发现性基础，模仿是这个基础之上的创生性成果。"

段老师："明白！"

> **结语**
>
> 课堂上的管理者不单纯是学员，还是从实践中走来的老师，带来的是没有标准答案的难题与丰厚的经历。他们聚集到学院里来最重要的理由是什么？不是因为这里有讲授式的老师、有新知识，而是因为这里有催化型的老师、有相似经历或难题的同学。对他们来讲，一小段小男孩下床的视频，都可以由催化型的老师解读成与管理深切相关的案例。如果把他们亲身经历的真实案例风暴出来，将会何其壮观！

累人的游戏

一位中学时期的老同学，辞职多年，下海经商，多年少有联系。

最近听说生意受挫，回乡隐居起来了。

看到他常上微信，一日便与他对话。

我："玩一个游戏，怎样？"

他："好啊！"

他很贪玩。

我："说一个你的困扰？"

他："不愿意和任何人接触却又不能不和人接触。"

我:"任何人?包括你的父亲?姐姐?妹妹?"

他母亲不在了,他是独生子。

他:"当然不包括。不过,只在跟父亲、二姐和老孙在一起的时候,才感觉非常舒服。"

老孙也是我们的中学同学,自由职业者,喜读《易经》。

我:"不愿意和其他人接触,能够满足你什么样的动机?"

他:"不好玩!"

我:"不好玩只是情绪性判断。你与人接触的动机是好玩?对吗?"

他:"是。"

我:"和父亲、二姐和老孙在一起,是什么吸引了你?"

他:"认可!"

我:"你需要被认可什么?特别是哪一点?"

他:"智慧、善良、奉献、宽容,特别是智慧。"

我:"那么,和其他人共处,最让你讨厌的是什么?"

他:"目的性太强!还有他们的无知和自私自利,最令我讨厌。"

我:"为什么只允许自己的智慧和善良被父亲、二姐和老孙看到?"

他:"没有啊?我允许任何人看到我的智慧和善良。"

我:"好吧,我这样问,为什么和其他人共处就必然会出现'目的性太强!无知、自私自利'的结果?"

他没有正面回答:"我其实是为了好玩。"

我:"事实上,只有父亲、二姐和老孙认可你的智慧和善良,对吗?我问你,这是谁造成的?"

他:"那我只能说不止这三个人认可我,还有一些人认可我,但我觉得他们不好玩,就不愿意和他们在一起共度时光。"

我:"使你觉得好玩的是什么?或者说,你所谓的好玩,具体是指什么?能不能用两三个词概括一下?"

他有些抽象地说:"心情、愉悦。"

我:"好吧,你希望和什么样的人共度时光?形容一下这样的人有什么样的特点?"

他:"我希望没有任何干涉、挑剔、指责、抱怨、要求,自然地相处。"

我:"哦,如果没有这些干涉、挑剔、指责、抱怨、要求,你会变得更完美吗?"

他:"不知道。"

我:"如果有了这些干涉、挑剔、指责、抱怨、要求,你会变得因缺乏自信而退化吗?"

他:"我的动机是好玩,与完美、退化无关。"

我:"面对完美和退化两种可能,你会怎样选择?"

他:"我选择不受别人干扰。"

我:"很好,决定和谁共处是你的权利。可是,在这个选择的过程中你有没有剥夺了自己的什么权利?"

他:"自己剥夺自己权利的事情是常态。"

我:"你当然有权利剥夺自己的权利。比如呢?在与谁共处这个问题上?"

他又答非所问:"我的权利我做主。"

我:"你拒绝了与一些人相处,同时可能拒绝掉的价值有哪些?"

他:"我现在是虚无主义者。我不认为什么是有价值的。我觉得每个人都一样,不过是给时光找个伴儿而已,就是一副骨头架子托着一堆肉从生到死不停地移动。每个人的幸福指数都大致相等。"

我:"每个人都有价值观,这可能就是你的价值观?对吗?"

他有点要收兵的样子:"好像你的问题都很难回答啊!"

我也开始收兵:"不,可以回答。只是你的'自我'无法回答。你的'真我'是可以回答的。你闭目沉心,与潜意识沟通,就可以得到'真我'的指导。试试看?"

他:"是的!但我不去追求自身价值。有就有,没有也无所谓。有也不喜,无也不悲。"

我:"这是可以的,这是被允许的。不过,这样你就很满意吗?"

他:"不知道。"

我:"还记得在我们今天玩的游戏中,你最初的困扰是什么吗?它还是困扰吗?"

他:"是。最大的闹心是没有偶像!其实就是信仰危机的最主要表现。"

我:"好,游戏结束。"

他:"你又整些什么理论?拿我做实验呢?"

我:"我在写一本关于教练的书,这段对话可以写进去吗?"

他:"可以,不过当心我告你侵权。累死我了,脑子都晕了!"

我:"此时感觉怎样?"

他:"一连串令人思考的提问。不过回答起来必须走心才行。"

我:"你的结论是什么?"

他:"结论应该是——原来我既无知又自私吧?"

我:"你来决定,怎样作结论。"

他再次强调:"太累。"

我:"其实这不是游戏。但不说是游戏你是不会有兴趣玩的。"

他:"你这种教练不是教训,挺好的一种互动方式,一问一答之间,使人的思维悄然发生改变。使人的困惑被解除,使人的心态更积极,使人的方法更科学。我现在已经不怎么困惑于那个问题了。"

> **结语** 这其实是又一位兵来将挡的谈话对手。处于自动化的聆听状态,将一切外来信息都以自己辛辛苦苦构建起来的信念系统过滤一遍再完整无缺地反射回去。但若假以时日,教练是可以改变他们的。

设　　计

我做了一个课程设计。

过去很少亲手做。

拿给一位老师看，他兴奋地说："这才是我想要的！"

这个课程设计原本是一周前他要我帮他做的，当时他说："我要出差，请帮我一个忙，做一个课程设计。这是一个为期一个月的企业中层干部培训项目。很急，明天就得交给我。"

我说："这不可能，其他什么事情都不做，也要一周才能做出来。"

他惊讶："为什么要那么久？"

我说："要直接通过主办方调研需求，还要几个人坐下来认真分析。"

充分调研，是我多年的工作习惯，无论面对什么工作任务。

于是，他只好当天连夜自己做了。

但第二天我也做了，我要按照我的标准做一个范式给他看。

由于调研受限，我只用了半天时间。

这份设计的特点是，有一多半的课时用于行动学习。

后来他告诉我，他竟然拿我的方案去替换他的方案。虽然最终没有替换成功——我早料到，但他认真和执着的精神给我留下了印象。

又一日，这位老师出差在外，打电话要我帮他做一个课程设计。我按他的要求做好并将方案交给了另一位老师。

这份设计的特点是没有特点，几乎全部是讲授——典型的传统设计。

这位老师说："方案中的老师，有多位是咱们中国石油管理岗位上的专家，恐怕对方不会接受。还有，方案中由不熟悉对方业务的学院老师组织进行结构化研讨，也不合适。"

我毫不迟疑："那我马上调整一下，再交给您。"

我没有解释：课程设计中至少有一半的老师应为实践型师资，而结构化研讨的引导师是不必需要懂得对方主营业务的。

通常，艺术回应从效果上看要高于真实回应。但特殊时候，则可以连艺术回应都省却，只是顺受，来使自己沉淀、安静，给对方转化的时间。

然而这位老师又说："您又全部换成了中央党校的老师，也不妥。"

我毫不迟疑："好的，我再调整一下，然后交给您。"

世上原本很多重要的事情，被做成了不重要的事情。

而不重要的事情，怎样做都可以。

于是，那日下午我在微信里朋友圈子中说："开始尝到坐在那里不说话的甜头。只是反省自己。同时保持开放。若逢人问询，只给对方能接收到的。于是体验到静而广美的微妙况味。"

然后，又补充一句："包括顺受自己所反对的。"

朋友圈子中，老肖说："老到。"

老孙说："不得了。"

点儿不说话，只双手合十。

我这段话引来培训圈子里张老师的兴趣。

于是，发生一段对话。

张老师："顺受？"

我："是的。"

张老师："如何能做到顺受？这很难的呀？！"

我："不难。不开口。只观心。然后反省。"

张老师："只给对方能接收到的？该如何把握？"

我："先说一句。视反应再决定下一句还说不说或说什么。"

张老师："观察微表情？倾听肢体语言？"

我："是的。"

张老师："看来心理学是必修课了。"

我打出一个鬼脸："是的。若不是同一物种，说也无果。"

张老师打出一个龇牙的笑脸："您今天分享的是源于今天上午的一个实践吗？"

我："聪明！女人的直觉！"

张老师："'静而广美'的滋味是什么样的？给你带来什么？"

我："天地一下子变得广阔、宁静。"

张老师："啊？"

我："以及反省后的身心清洁、放松。"

张老师："'坐在那里不说话，只是反省自己，同时保持开放。'是什么原因导致你这么做的？是有意实践还是其他原因？"

我："我那时的决定是：此刻不做决定，只是顺受、思考、积累，同时给他人转化的时间。"

张老师："哦。"

我："你的问题很聪明！"

张老师："很多时候觉得自己的问题是笨笨的。"

我："可是，如果不问出来，人会变得更笨。"

遇到求知欲强的人，这话算忠告。

幸亏有张老师"笨笨的"问题，我才有机会想到和说出一些话。

有时候，可以先看看别人是怎样感受自己的感受的，然后用大家的感受去升华自己的感受。

结语

好的设计源于预见。预见来自经历。未来是经历中的一部分，是某一部分经历的再现。所以历史总有循环的特征。学院征集广告语，我奉献了一句："把经历与难题带来，在这里建立联结。"学员经历中最宝贵的是案例，学员的难题则应构成课程设计大纲。学院的催化师运用行动学习法，可以将学员的案例与难题联结起来生成新的意义。在我看来，这是中高层管理者聚集在一起接受培训的唯一理由——其他事情都可以通过召开会议和线上培训完成。

那个提问引发的私聊

还有一个微信中的培训圈子，人很多，但平日里很少见到有人发言，大家只是转发一些与培训相关的文章或信息。

一日，我忽然想投进去前几天讨论过的那个问题，看看大家的反应。

结果，引发一段私聊。

我："各位，我们需要好好地回答一个问题，我们究竟为什么做培训？我们的目的是什么？我们想达成什么效果？"

熊老师："朋友，干培训，你一认真，你就输了。"

我："那么，你能不能告诉我，你干培训是认真的吗？"

我知道在很多人眼里熊老师的事业做得很成功，所以他不再吱声。

我自问自答："在国企里，我并非只喜欢和擅长做培训，而实在只是因为目前只有培训能允许我最大限度地践行自己的价值观。并非只有我的价值观是正确的，而实在只是恰好我有那么几次重要的战略选择是正确的。"

耿老师："老师要讲自己经手的案例。可是，现在有的人没有做过'新三板'，也来讲'新三板'课程；有的人没有开过公司，也来讲创业课程。"

我："对！自己经手的案例！我讲的都是自己的案例。"

这时候，高老师开始私聊。

高老师："在国企里能有自己的空间，按照自己的想法做事，不容易。"

我："其实可以的。在于努力。相信能成，就会成。"

高老师沉默。

我:"我讲课的案例,全都是自己的案例。我在大庆油田组织部、培训中心、热电厂工作时期发生的案例。没有别的。"

高老师:"这很专业。"

这句话让我看到高老师的专业度。

我:"前天一个国企领导的培训班,我做行动学习——其实严格讲只是团队学习,他们造反了!呵呵,我全部接纳、允许!"

高老师:"是吗?那很奇怪?"

我:"结果呢,他们结束时找我,发自内心地与我交流。"

高老师:"为什么会造反呢?"

我:"因为他们捆绑着面子和利益的盔甲太厚。承认我,等于承认自己错。所以拼命捍卫自己存在的价值。我理解他们。"

高老师:"明白。您使他们看到真实的自己。"

我:"是的。他们造反的气势吓人。其实也只是在小组里大声抗辩。"

高老师沉默。

我:"我接纳他们。我懂他们。我尊重他们。我为他们好。我于是心安。"

高老师沉默。

我:"我在组织部搞干部管理工作13年。我本能地爱护他们。大庆之外的国企领导,像能够嗅到熟悉的气味一样接受我。"

高老师:"真实和正直可以压倒一切。"

我:"但他们只承认我。不承认我的信仰。"

高老师沉默。

我:"人哪!好复杂。"

高老师:"改变人的价值观和信念是一件难事,需要借助心理学。"

我:"是的。所以我几年前开始学习NLP、教练技术。当他们只承认我而不承认我的信仰的时候,我才体验到从未有过的无力感!"

高老师:"我能感受到!"

我沉默。

高老师:"所以培训只是引进门,修行在个人。"

我:"我这个年龄,男人的51岁,早已过了投降的年龄,所以只有死磕!哈哈!不是的,我18岁也会这样的!"

高老师:"无欲则刚!"

我:"今天晚上和朋友喝多了,二两白酒我就完了。话有点多。"

高老师:"我懂。您有使命感。"

我:"我好同情我自己!"

高老师:"哈哈!人有时候需要这种感觉!"

我沉默。

夜很深了,我很困倦。

高老师:"有空来北京聊聊?"

我:"我到北京快一年了。50岁北漂,奉命进京,丢下母亲、老婆。"

高老师:"啊?离开企业了?"

我:"不是的。我还在体制内,我不会离开的。"

高老师:"那好啊,升职了?"

我:"没有,我当老师了,在北京石油管理干部学院。退休前要做两件事情,帮助学院培养中国石油自己的催化师,开发中国石油自己的课程。"

高老师:"国企的领导干部培训班不好做,他们很顽固。"

我:"YES!但他们也很可爱。"

高老师:"是。"

我:"我每次授课之后,只会看到自己的不足。"

高老师:"他们的幸福是不需要面对市场竞争。"

我:"这其实是不幸!"

高老师:"已经很晚了,您休息吧!"

我们互道晚安,随着暗夜里的北京城一同沉沉入睡。

> **结语**
>
> 提出好问题,自然会收获意想不到的答案,有些竟然还会是心里话。"朋友,干培训,你一认真,你就输了。"相信这是饱经风霜的经验之谈、培训江湖某些人的心声,听起来老谋深算、阴风习习!"国企的领导干部培训班不好做,他们很顽固。"相信这也是饱经风霜的经验之谈,但听上去感觉事情还有救。只在一念之间!

女儿与父亲

一位女儿不能够原谅她的父亲。于是,我们有一段对话。

女儿:"我想起来就恨,不原谅他。"

我:"你不原谅他什么?"

女儿:"我经常帮助妹妹,父亲却更生气,因为我帮助得少。"

我:"你帮助妹妹的目的是什么?"

女儿:"减轻父亲的经济负担,同时使父亲高兴。"

我:"你达到目的了吗?"

女儿:"达到一半。"

我:"你为什么不高兴?自己毕竟达到了一半?"

女儿:"还有一半没有达到,因为我帮助妹妹,父亲反而更生气。"

我:"父亲若多次在心里高兴,你会知道吗?"

女儿:"不知道。"

我:"还有,你如何证明父亲是更生气的?具体有多少次?"

女儿:"看到他生气的样子,大概有三次。"

我:"也就是说,你那么多次地帮助妹妹,却只有三次看到父亲生气的反应?"

女儿:"是的。也许他很多次是高兴的。"

我:"帮助妹妹,你要求什么样的回报吗?"

女儿:"从不要求回报。"

我:"要求爸爸高兴,是不是你要的一种回报?"

女儿:"算是吧。"

我:"说明你是要回报的。所以,当你没有得到回报,就会生气?"

女儿:"是的。"

我:"那就是说,你不能说自己是不要求回报的?"

女儿:"是的。"

我:"那你还有什么问题?"

女儿:"爸爸妈妈给我的人生出了很多主意,都是错的,我多亏没有听他们的。事实证明,我自己的选择才是对的。"

我:"这说明你很聪明,判断得很准,是吗?"

女儿:"是的。"

我:"既然你这么聪明,为什么会不庆幸自己的选择?还有怨气呢?"

女儿:"嗯,好吧。可是,还是不会原谅爸爸。"

我:"你当然可以不原谅他,然后使自己心情不好。这是你的选择。假设你选择原谅他,你现在心情会怎样?"

女儿:"会很好。"

我:"他只是做了他想做的事,你也是。如果他是错的,为什么承担后果的却是你呢?我所说的后果,是指你现在的心情因为他而很糟糕。"

女儿:"不应该是我承担这后果。"

我:"如果爸爸是对的呢?你却来承担莫须有的后果?会怎样?"

女儿:"那更糟糕。"

我:"那么,原谅或不原谅,这两种选择由谁来决定?"

女儿:"我。"

我:"你还有什么问题?"

女儿:"其实你问到一半的时候,我就明白了,只是还想抵抗。我明白了,我遇到的问题还是由于自己,与爸爸无关。"

我:"抵抗的那个外在的你,与心里已经明白的那个内在的你,你更希望哪个主宰今后的自己?"

女儿:"心里已经明白的那个内在的我。"

我:"现在心情如何?"

女儿:"舒服。"

> **结语**
>
> "要求爸爸高兴,是不是你要的一种回报?"凡是怨气鼎沸地声称不要回报的,往往说明他想要的回报没有得到。"你当然可以不原谅他,然后使自己心情不好。这是你的选择。假设你选择原谅他,你现在心情会怎样?"凡是怨气鼎沸地声称不原谅某人的,往往说明他对自己很不满。"他只是做了他想做的事,你也是。如果他是错的,为什么承担后果的却是你呢?如果爸爸是对的呢?你却来承担莫须有的后果?会怎样?"有了这两句提问,女儿已经无路可逃。

父亲与女儿

一位父亲不能接受女儿的指责(当然不是前一对父女)。

于是,又有一段对话。

父亲:"其实女儿的心里,一直在指责我。"

我:"假设她真的在心里指责你,至少会有几个方面?"

父亲:"四五个方面。"

我:"这四五个方面的指责,全部是错误的可能性,有几成?"

父亲:"没有。"

我:"那么,对的那些方面,你会怎样对待?"

父亲:"改呗。"

我:"很好,那些错误的指责呢?"

父亲:"那还能怎样?"

我:"想没想过,她为什么会形成那些错误的指责?"

父亲:"哦,那我需要反思,也许是我的问题。"

我:"你至少应该能够说出两种反思的方法吧?是哪两种?"

父亲:"回忆自己过去做错的事情。"

我:"还有呢?"

父亲:"跟那些在生活中善于做事的人对比,能看到自己的不足。"

我:"如果你能说出第三种,也许那才是你真正需要的方法?"

父亲:"想不出。"

我:"想不出?那暂且先放在一边。你跟女儿相比,谁的受教育程度更高?"

父亲:"当然是她。"

我:"那么谁受到的局限更大?"

父亲:"是我。"

我:"那你与自己的父亲相比呢?"

父亲:"那当然是我的受教育程度高,父亲的局限大。"

我:"你对父亲有不满吗?"

父亲:"有。"

我:"他能接受你的指责吗?"

父亲:"难。"

我:"你认为,多数人的情况呢?"

父亲:"多数人的情况,都相似。父亲不会接受子女的指责。"

我:"既然多数如此,父辈们的局限,你能理解吗?"

父亲:"能。"

我:"因此,女儿们的指责你也能理解吧?"

父亲:"能理解一些。"

我:"如果你的父亲不改过,谁是受害者?"

父亲:"双方。"

我:"那么移换到你与女儿这里,如果你不改过,谁是受害者?"

父亲:"双方。"

我:"现在请你来决定,今后怎样做?"

父亲:"但我觉得,我看待自己是客观的。女儿看待我,不准。"

我:"假设你的面前有十位父亲,也说了同样的话,你信吗?"

父亲:"不信。"

我:"那为什么你会要求他人来相信你的话呢?"

父亲:"因为我是比较客观的。哦,不对。我想想,嗯。你说的对。"

我:"那么现在请你来决定,今后会怎样做?"

父亲:"反思自己。"

我:"那第三种反思自己的方法是什么?"

父亲:"我要好好想。"

我:"想出来,也许是一个组合起来的新方法,比另外那两种方法更好?"

父亲:"嗯。"

我:"现在感觉怎样?"

父亲:"看来认识自己真的很难。不过,现在我感觉很舒服。"

我:"还有呢?"

父亲："感觉你设定的这些提问，是在一步一步地驱使我不得不得出这些结论。如果我在哪一步不承认，便会使自己前面说过的话自相矛盾。"

> **结语** 过程中没有逼迫，便不会遭遇抵抗。保持中正，是教练的命。

极简的对话

1

培训班结束后，学员们往往会在手机微信里建立学习社群。

一次，我听到一位学员在群里说："可是，有些问题不好解决啊！"

我按着他的名字插话："只是不好解决。"

这位学员立即向我打出一个笑脸。

那一刻我能感受到他的轻松。

2

还有一次，一位学员在群里说："可怕的是领导不接受，员工也不理解！"

我按着他的名字说："跳出来看，你做的事情是正确的事情吗？"

学员说："是！"

我说："以在世界上行善为目的！抱定此价值观，任何问题都无足惧。可我想问，你怎样确知你是对的呢？"

3

在一个催化技术训练班上，我注意到一位学员很投入。

课间休息的时候，我对她说："我发现你很聪明？"

她抿嘴笑了一下。

我补充说："而且我看得出，你很想学习催化技术？"

她又抿嘴笑了一下。

我说:"也许是因为你很想学习催化技术,所以才显得很聪明?"

她咧开嘴开心地笑了。

4

在一次培训论坛上,一位青年人为了论证他的观点,滔滔不绝地说出很多数字来,旁征博引。

我问:"我听到你说出很多数字来,我想知道,你最希望改变哪个数字?然后要做的第一件事情是什么?"

青年人一怔:"这是个好问题。"

在青年人回答这个问题的时候,我听到会场后面传来一阵骚动。

午餐的时候,一位老师对我说:"你提的问题好棒啊!我们坐在后面听到这句提问后都尝试来回答这个问题。"

5

一位年轻女性在演讲,她在讲如何转换视角来看待压力。

我问:"如果画两条曲线,一条代表压力,一条代表幸福感,那么两条线会是怎样延伸起伏的状态呢?"

她说:"我曾看到有人研究过,很奇怪,这两条线竟然是共同起伏的。"

我问:"接下来我的问题是,当能够换一个理想的视角看待压力的时候,我们同时可以将压力这个词换成什么词比较好呢?"

她毫不犹豫地说:"挑战。"

我说:"谢谢,我喜欢这个词。"

同时,我的心里跳出来另一个词:机会。

6

朋友处在权力、责任的漩涡之中。

一日对我说到他的领导,颇有些不服气与无奈。

我问:"他的优点是什么?他是怎样走到这个位置的?还有哪些方面你不

如他？你怎样才能学到？"

朋友沉吟，终于无语。

送朋友走的时候，我对他说："与他人的优点相处。时间久了，你会改变，同时他也会。"

不久，朋友打来一行短信："照你说的，果然情况大有好转。"

我回复说："一定是双方的。"

7

在手机微信里，与贵州的一位学员一问一答。

"老师，两位90后互不相让，我作为他们的上级，该怎样做？"

"如果是我，首先会找其中一位谈一谈，请他相让。然后我与他相约来观察：一段时间后，看看会发生什么？"

"好的，我试试。"

8

年轻人："闺蜜靠上领导后，她的活儿都分派给我干了，我闹了几次，领导每月给我加薪2500元，但我憋气呀！得罪这俩人真够我受的。"

我："那么，你的收获是什么？"

年轻人："总算认识了闺蜜，学会了她的工作业务，跟领导吵架经受了锻炼，每月多收入2500元，对周围人和事的警惕性变高了。"

我："现在感觉如何？"

年轻人："舒服多了。"

9

一次，我对几位老师说："研讨规则千条万条，可以概括为一句话，小组成员只在两种情况下发言，一种是提问，一种是反思。除此之外，不能说话。这是研讨的生命，也是行动学习的生命，要作为铁律。"

其中一位老师说："这是不是有点简单化了呢？"

我说："先从简单化开始吧。"

另一位老师说:"没有更好的办法了吗?"

我说:"你怎样看任正非先生说的'先僵化,再优化,后固化'这句话?"

10

一位年轻的管理者说:"您说'用行动学习的理念和方式去工作',这太理想化,难以实行。"

我问:"你是怎样知道的?还有,理想化的目标或工具哪里不够好?"

他说:"只是感觉吧。总觉得不现实。"

我问:"如果选择的目标或工具不是'理想化'的,结果会怎样?"

他在思考。

我又问:"你怎样理解孔子讲的'取法乎上,得乎其中;取法乎中,得乎其下;取法乎下,则无所得矣'这句话?"

他沉默着,但眼神里闪着专注的光。

11

一位年轻老师说:"我感觉大家对行动学习还是懵懵懂懂的,虽然有些相信,但总不愿真正实施。特别是在研讨的时候,还是喜欢你一言我一语地乱呛呛,要么长篇大论,要么一言不发,最后往往议而不决、不了了之。遇到这种情况,我该怎么办好呢?"

我说:"给他选择,同时允许他做选择。催化师的态度很重要,保持尊重、中正和开放,过程中要灵活。要相信学员所有的反应都是'对'的。因为那正是我们体现价值和获得成长的机会。你要重点思考的是怎样让对方从行动学习中获得益处?"

12

一个年轻人问我:"老师,您最讨厌年轻人什么样的缺点?"

我说:"懒。"

年轻人又问:"那您最喜欢年轻人什么样的优点呢?"

我说:"因懒而生的创意、智慧和行动。"

缺点与优点，往往是一件事物的两面。

这个世界的很多事物，其要点在于保持两面在转化中的均衡与在均衡中的转化。

13

忽然收到一位过去单位同事的短信："那书记，您好！我是咱们单位后勤部的老王。有事相求。我的孩子刚参加工作，在矿小队当采油工，并担任战地记者。他渴望在中国石油报或相关报纸上发文章。可否相助？"

我回复说："孩子上班不久，你觉得对他来讲，靠自己努力的方式去获得成功与靠别人的直接帮助去获得成功，哪个更重要？"

老王回复说："他一直很努力的，我明白您的意思了。"

14

学员："在纠结买不买一款电动轿车。因为摇号三年都没有中签，但电动轿车中签就容易了，却又占指标。"

我："如果有人送你一部这样的车，先假设此人很靠谱，你接受吗？"

学员："当然啊！"

我："那为什么送车的这个人不可以是你自己呢？"

学员："啊？这个问题好妙啊！"

我："其实我想问，你在担心什么？"

学员："嗯，我才发觉我预设了很多干扰条件。"

15

一位年轻老师说："上讲台的那一刻，有些恐惧感。"

我问："是担心做不好，自己会失去什么吗？"

年轻人点头。

我问："如果那时问自己：'如果做不好，自己会得到什么呢？'你感受一下，这样问过之后会怎样？"

年轻人释然地说："嗯，那就好多了。"

16

一位年轻人说了一大堆自己情侣的优点,但最后说:"虽然跟他在一起感觉很舒服,他的父母对我也很满意,他前几天还订制了钻戒,但我真的不想结婚。"然后用询问的目光看着我。

我说:"这当然是允许的,你可以选择你想要的生活。但是,你这样的选择将对他和他的家人产生怎样的影响呢?"

长时间有价值的沉默。

17

学员:"这是一个不可能解决的问题。"

我:"为什么呢?"

学员:"因为这其实涉及体制和机制问题啊!没办法。"

我:"假设现在由你来进行顶层设计,你准备怎样变革体制和机制呢?你会有一些想法的,对吗?"

学员自信地说:"会的。"

我:"那么这些想法又会形成一整套方案的,对吗?"

学员仍自信地说:"是的。"

我:"假设这一整套方案由20个很具体的小点支撑着落地,那么我想问,这20个很具体的小点与现行体制和机制真的是对立的、矛盾的吗?"

学员很快地说:"不会。"

我:"或者说其中有多少是与现行体制和机制是对立的、矛盾的呢?"

学员肯定地说:"绝大部分都没有对立和矛盾。"

我:"好的,现在你怎样想?"

学员:"看来我思考解决问题的那些想法还是不够细、不够落地,所以会以为完全是体制和机制的问题。"

18

年轻人:"我本性善良,又单纯,不会玩权术,也不会拍马屁,可领导就喜欢那种小混混一样的人，我应该怎么办？"

我："你做错什么了？我没有看到你做错什么，所以我支持你。现在你只需要考虑一个具体问题：如何取长补短，完善自己？"

年轻人："公司的人都在选队站，我谁的队也不站，有人说站错队就会死，不站队死得快！但我觉得只有自己能力越来越强才是最终的保障。"

我："你不站队是对的，要站就站在立场上、站在原则上。你要改变自己什么吗？要改变的不是原则，而是实现原则的方法，还是刚才那句话：实现原则的方法只能是取他人之长，补自己之短。"

年轻人："啊，是的！我很高兴刚才忽然觉察到自己的不足和需要改进的地方了！我对身边那种小混混式的人要迎战吗？"

我："不要用'迎战'这个词，不要让自己被小混混式的人所激怒。要用原则看人与事，再用变化的方法来应对这些人与事。何况，小混混式的人为什么吃得开？试试转换成正面的词句会是什么？"

年轻人："忽然明白了很多！谢谢您！"

19

小孩子："精心准备的英文演讲《狼和小羊》被另一个小朋友讲了，我连夜又准备了一个《小象和蚂蚁》，但比赛成绩没有拿到第一，想哭！"

我："那从这件事中，你收获到了什么呢？"

小孩子歪着头认真地想了很久。

我："这样一来，你就会用英文讲两个童话故事对不对？还有你经受了一次严峻的考验对不对？而那些小朋友却没有像你这样的经历。而且，《狼和小羊》还可以参加其他比赛呢？那就是第三个收获了！对不对？"

小孩子笑了，大声说："对！"

20

年轻人："阅读或学习时，总是时不时看一下手机，感觉精力分散，做事效率低。如何放下手机，集中注意力做事？"

我："你是怎样进入'想不起来看手机'的状态的？为着什么样的事？"

年轻人："啊！还没想过，忽略了自己注意力集中时是什么样的状态。"

21

年轻人："有件事，总做不好。"

我："假设你做好了，并且拿了优胜奖，你会对今天的自己说些什么？"

年轻人马上陷入沉思。

22

一位中层管理者在课堂上讲述了一个培养年轻人的精彩案例，最后很有情绪地说："辛辛苦苦培养出来的这位年轻人就这样被那位个体老板高薪挖走了！以后在培养年轻人的问题上要小心选择对象，还要按照某种适当的标准培养啊！"

现场所有人都听懂了他"适当的标准"的含义。

我问："这件事证明了你的什么能力？"

这位管理者显然没想到我会问这样一个问题，拍了一下额头："啊……"

我又问："如果这位年轻人是你的儿子，你会怎样想？"

这位管理者冲口而出："这是一个15分的问题！"

我规定为提问打分的最高分是10分。

但马上，这位管理者又拍了一下额头，改变了刚才的想法："可我是经理，不是他的父亲，我绝对不会从他父亲的角度考虑问题，因为我有我的工作职责与目标，我不会没有边界地去尽社会责任。"

我点点头，然后问："我知道古人有一句话，叫'不汲泉不盈，愈汲泉愈清'，就是说泉水你越是汲取它，它就越是会汇集过来，并且愈加清甜。你觉得这说法若放在这个案例里，你会怎样理解人才培养这件事情呢？"

这位管理者眼睛愈来愈亮，又拍了一下额头，第三次改变了他的想法，直截了当地说："听到刚才这句提问，我只觉得我的价值观被改变了！"

我以探询的口气又问："其实，你当然可以根据你的职责与目标考虑问题，但是你改变不了任何一位年轻人都有一位父亲这个事实，任何一位年轻人都背负着家族的文化和希冀来到你的公司，考虑进去这一点，就多了一个思考的维度，这不是对你的决策更有利吗？"

这位管理者没有再拍额头，只是深深地缓缓点着头。

> **结语** 瞬间给出好问题，有时是一种本能。这种本能固然是长期训练的结果，但若无关切到骨子里的尊重、信任与爱，也是做不到的。

缓慢打分的小组长

在一次行动学习中，我看到一个小组在提问上遇到了困难。

我走过去："你们现在进行到哪里了？"

他们说，在小组长这里遇到了问题，大家难以问出高分的问题。

我问小组长："你的案例是什么？"

我观察到小组长脸色潮红，显然已经有些抵触情绪。

但小组长镇定地说："系统平台，对我意义不大，不够实用。"

我对大家说："好吧，我来提问。"

大家马上聚拢过来，显然他们被提问这个环节卡住了很久。

我问小组长："你每天上系统平台，要用多长时间？"

小组长说："按要求不作回答是吗？"

我说："是的，只根据受启发和触动程度给我打分，我好知道怎样继续。"

小组长沉默了一会儿，说："8分！"

我说："不要打人情分，8分太高了。"

小组长说："没有打人情分。事实上我每天只用掉半分钟上平台。刚才我没有考虑过上平台消耗多少时间这个问题。"

我接着问："这个平台有什么害处？"

小组长愣了一下，然后诚实地说出："9分。"

此后每一个分他打得都很慢，这一点很明显引起了大家的注意。一旁观摩的学院老师也兴趣盎然起来。

我问："那有什么好处呢？"

小组长说："9分。"

我问："这个系统平台，对你的意义是大是小，这是由谁决定的？"

小组长说："9分。"

我问："平台不够实用，会是哪些原因造成的？"

小组长说："9分。"

我问："别人使用平台的情况如何？评价如何？你了解多少？"

小组长说："9分。"

我问："如果你是平台系统的研发经理的话，要做出怎样的努力，这个平台才会发展得很实用？"

小组长说："9分。"

我问："如果你是领导，怎样看现在的自己纠结于平台不够实用？"

小组长说："10分。"

我问："再过3年、5年，你会怎样看这件事？"

小组长脱口而出："这个提问一下子宽了很多啊，我想想……9分。"

我问："你需要怎样的平台？说说具体建议？"

小组长说："10分。"

我问："为什么在今天提出这样一个问题？它重要在哪里？是因为每天浪费掉你半分钟吗？你还有哪些更重要的问题没有提出来？"

小组长说："10分。"

我问大家："怎么样？感受到提问的力量了吗？"

大家神情肃然，纷纷默默点头。

我问小组长："你得到什么了？是怎样得到的？我做了什么？"

小组长说："得到了方法，是我自己得到的，您只是提出了好问题。"

我提醒大家："有没有看到小组长在缓慢地打分？说明什么？"

大家点头，有人解释说："说明触动到他了。"

我点头，说："所以，提问后要给对方思考的时间，看着对方的眼睛，一次只问一个问题，停一会儿再问下一个问题，效果会更好。"

"你们继续吧。"我对小组长说完这句话，转身走到另一个小组。

> **结语** 提问首先是检定难题的过程，未经重新定义的难题，常常是伪命题。人们被难题困住很久而得不到解决，很多时候是因为难题不成立。面对经重新定义的难题，提问则开始进入到形成解决难题方案的阶段。

真相与事实

在群里。

我："真相与事实是什么关系？"

弘老师："啊？这真是一个好问题！"

张老师："事实有多个，真相只有一个。"

卢老师："互为主题，彼此成全。"

段老师："事实不一定是真相。"

韩老师："事实是客观发生的，真相是反映到人的意识中的部分。"

于老师："真相是客观存在，事实是主观感受。"

段老师："真相与事实的关系仿佛是现象与本质的关系。"

张老师开始迂回："故事与案例又是什么关系？"

我答非所问："仅对培训而言，故事可用于隐喻，此外慎用；而案例必须大量使用。"

韩老师忽然改口："此刻，我觉得事实等于真相。"

张老师又绕回来:"对培训而言,事实的价值远大于真相。"

我对韩老师:"真可惜!我倒更赞成你之前的观点。"

姚老师:"事实有自然事实与法律事实,而法律事实有时根本就是不存在的。真相只有一个。"

崔老师:"真相是弄明白了的事实。"

祁老师:"真相超出五官感知甚至逻辑思考判断的范畴,事实即是五官所感知到的正在发生或已经发生的事件。"

亮老师:"事实用来提醒和诠释真相。"

弘老师:"真相与事实都可以任由人们去争论,但真相与事实自己知道那争论有多可笑。当然,真相与事实之间有时会打架。"

苏老师:"真相与事实有时是一回事,人们便和谐;但有很多时候并不是一回事,所以人们发生纠纷争斗。"

洪老师:"与事实对应的词是假设和猜想。人们更多地不是活在事实里,而是活在自己的假设与猜想里。"

张老师问我:"你自己怎么看?"

我:"我也一直在想这个问题,同时觉得大家说的都有些道理。不过你刚才说'对培训而言,事实的价值远大于真相',我想这样补充描述一下,'对管理而言,决策时真相的价值远大于事实,执行时事实的价值远大于真相。'"

张老师回到原问题:"那你自己怎么看真相与事实的关系?"

我:"事实是已经发生的,真相却包括尚未发生的;事实只能是一种假设的证据,而真相却可以是各种假设;事实可以在任何地方,而真相却只能在一个地方——人们的大脑里。"

> **结语**
>
> 任何真相都只是假设。无论任何时候,事实都是友好的。按照事实和真相而活,便会与真理达成和谐。真相与事实,比较难理解的是真相。真相经常不符合我们的信念,真相是对我们最有利的东西,真相的意义在于她总会发出这样的质询或召唤:"这世界需要什么样的事实?"

关于世界观

一次，张老师在微信里问了一个问题，引发了一场讨论。

张老师："如何给高一的孩子解释什么是世界观？"

韩老师："你想要做什么？"

张老师："我的孩子问我。我突然发现，我自己的世界观都很不清晰。"

我："不是的。每个人都有世界观。而且很清晰和实用。只是自己不愿承认。告诉你的孩子，世界观很简单，就是一个人对世界的看法。而什么是世界？就是身边的一切人、事、物。一个人只能活在自己的世界里。"

张老师："自己的世界？那别人的世界呢？那就是说我活在自己的世界里，却往往关注别人的世界？"

我："你想复杂了。"

韩老师："孩子问这个问题的背景是什么？"

张老师："女儿在编一个漫画故事，里面的两个主人公都要颠覆自己的世界观，她为主人公找不到出路了。其实投射的是女儿自己的世界观。我感觉她很怀疑自己对世界的看法与老师家长告知的不一样。目的大概是给故事找矛盾和冲突点，结果还得解决这些冲突点，冲出去。"

我："不妨通过角色扮演，你俩搞一次对话。"

张老师："可以试一试。女儿扮演主人公，我扮演作者。"

段老师："关于世界观，我的理解有三个要点是家长要清晰的。1. 世界观是一个人对世界的看法。2. 世界观会随着经历而不断变化。3. 总会有一些成为恒量，恒量的内容便成为这个人主观世界的核心，外显的就是性格。"

张老师："一个人的性格不好，如何评价他的世界观呢？"

段老师："性格没有好或不好，那是别人眼中的好或不好。性格不是用来评判的，而是欣赏和发现的。重点是建设自己的世界观，信息经由世界观的过滤，构建出这个人的主观世界。"

张老师："那价值观又是怎么回事呢？"

段老师："价值观形成有四个通道：1. 亲身经历。例如被热水烫过，得到一个经验，沉淀为价值观。2. 观察到的他人的经历。例如看到别的同学犯错被罚，又得到一个经验，沉淀为价值观。3. 被告知的。例如老师、家长、偶像、榜样、先贤、孩子信任的人，告诉孩子要好好学习。4. 自己感悟。例如通过思考而获得。你的孩子在怀疑第三条，告诉她还有三条路呢！"

我："5. 训练。6. 遗传性获得。"

段老师："同意！"

张老师："孩子有自己的想法，我感觉自己刚知道如何做家长。"

段老师："孩子需要有人理解她的想法、尊重她的世界。这一点无比重要。她之所以在漫画中为主人公找不到出路，是暗示自己不被理解的内容无处安放。她需要你慢慢走进她的世界，成为欣赏她世界的人。你要做出重大改变，才会影响到她。"

韩老师："说得太好了！孩子需要引导、欣赏和等待。"

我："欣赏、等待，本身就是最好的引导。"

> **结语**
>
> "变化中总会有一些价值观成为恒量，恒量的内容便成为这个人主观世界的核心，外显的就是性格。""性格不是用来评判的，而是欣赏和发现的。""你的孩子在怀疑第三条，告诉她还有另外几条路呢！"如果一个人感觉"自己不被理解的内容无处安放"，那么就会出现与他人或自己的冲突。这个时候，家长、领导或老师们所要做的就是"引导、欣赏和等待"。

赠送两个问题

一次在河南讲课,看到班主任坐在最后一排,在笔记本电脑上"奋指疾敲"。

课间休息的时候,我踱到她身旁:"还不休息?"

她一笑:"在忙着备课。"

我好奇:"什么课?"

她语气有些慵懒:"党史。"

我一时心血来潮:"赠送你两个问题吧?"

其实那一刻我还没想好问题。

她突然兴奋:"太好了!"

她曾经听过我四天三夜的"成为引导师"课程。

我边想边一字一顿地念叨:"你可以在课堂上问学员一个问题:如果给你五个历史时刻来选择,1921年、1927年、1935年、1949年、1989年,你更愿意在哪个时刻入党?理由是什么?"

她有些过分惊喜:"呀,这个问题好!那您赠送的第二个问题呢?"

我:"还是让学员们从那五个历史时刻来选择,更愿意追随当时的谁?理由是什么?"

她冷静地思考:"这个有点复杂!不过是一个好问题!谢谢您!"

> **结语** 课堂上抛给学员的问题不须多,讨论的时间充分就好。如果学员们能在讨论中充分地关联个人经验,并从中获得反思,对管理者来讲就是最好的学习。

第五辑 成为你设计的样子

学习者所在的任何地方,都会出现学习的机会。学习者与学习的机会只可能同时出现。人只能在经历中学习。所有的未知,其实都可以是经历。命运捉弄任何人!这是命运对人的照顾。你能翔实描述理想中的某个事物吗?若能,才可能实现它。那描述便是设计。重新向经历学习,才可能创造未来。

请你告诉我

论坛上,一位年轻人刚刚结束一场演讲,题目是"当下的年轻人呼唤怎样的领导者"。

在接下来的提问环节,一位评委情绪明显焦虑地问:"我的孩子比你要小一点,有时我真是搞不懂现在的孩子心里是怎样想的。我的孩子从不告诉我他心里真实的想法,我实在弄不明白。请你告诉我,你们这代人究竟是怎样想的?到底想要什么?"

年轻人很爽快地说:"我也不会告诉你。"

大家笑了。

那位评委也苦笑着。

休息的时候,我问这位年轻人:"如果十几年后,也像今天的情形,只是你坐在台下,去问台上一位年轻人,你怎样说,他才会告诉你?"

年轻人一愣,歪着头想了一会儿,然后急切地说了很多。

我静静地听。

待他说完,我问:"然后,你觉得他会告诉你吗?"

年轻人又一愣,坦率地说:"也不会,但会好一些吧。"

我问:"为什么也不会告诉呢?"

他说:"说不清,反正不会告诉。"

我问:"那你说'会好一些',好在哪里呢?"

他说:"至少心里会舒服一点吧。"

我问:"如果你这样说,'我有一个孩子,他总是不跟我说他的想法,为此我很苦恼。我想请你帮助我分析一下,告诉我该怎样跟他沟通?怎样才能知道他的想法?'如果你这样问,你觉得他会告诉你吗?"

年轻人很痛快地说:"会。"

我说:"你看,只是换个平等的角度来问,对方就会跟随你。"

年轻人说:"好大的力量啊!"

> **结语**
>
> 平等,人人自以为知道它的含义。但做到,却少有人愿意学会。这就是学习很难的地方。让学习发生,首先是有意愿,其次要有底蕴。

你可以不回答

一次,一位老师问:"我作为老师,应如何尊重接受意识与接受能力差的学员?"

我说:"好吧,我可以连续问您几个问题,您可以不回答。但最终您要告诉我,您收获到了什么,可以吗?"

老师说:"这样我很轻松啊,好的。"

我问:"学员做了什么,让您觉得他接受的意识和能力差?"

老师欲言又止。

我接着问:"怎样的标准说明学员接受的意识和能力差?"

等了一会儿,我问:"他是否有什么困难?或恰好那天状态不好?"

紧接着,我问:"您希望学员达到的效果是什么?为此您做了什么?"

我又问:"遇到这样的学员,您认为属于老师的问题有哪些?"

然后问:"如果多一些选择,您愿意尝试增加或减少一些什么?"

我在观察老师的反应。

我继续问:"您会感谢他什么?"

宝贵的沉默。

我换了角度继续问："他的表现会促动其他学员想到或做到什么？"

提问在继续："是什么让您觉得尊重这样的学员很重要？这对您意味着什么？会使您成为怎样的老师？"

老师在沉思。

我缓缓地问："怎样才能给他恰到好处的教育？"

老师说："其实我很想说话。但我要守规则，还是等一会儿再说吧。"

我点头表示同意他的想法，然后继续问："那么，应该怎样开发及运用个性化和训练化的学习方式？"

然后我很快地连续问了三个问题："应该给学员确定怎样不同的达标标准？对这样的学员，课前和课后需要解决些什么？如何按学员资质分班？或者如何加强考核与管理？"

我点头示意，请老师讲话。

老师说："这会儿我反倒不想说什么了，因为过程中想了很多，都是很棒的想法或崭新的方法，很宝贵！我要赶紧回去记录下来。"

> **结语** 不马上说，等一等，之后也许就没有说的必要了。深度聆听很重要。在聆听的过程中，不要轻易用语言打断自己。

自 由 自 在

一个孩子（其实已经近 30 岁）说："我想自由自在地生活，可是……"

我问："在你看来什么样的生活是自由自在的？"

孩子在费力地描述。

我静静地听。

他不说话了。

我轻声问孩子："在你的身边，有多少人过上了像你所描述的那种自由自在的生活？"

沉默。

我又问："要过上那样的生活，你需要具备的条件是什么？"

孩子开始费力地列举。

然后我问："那么获得这样的条件还欠缺什么？还需要做什么？"

孩子有些支吾，终于说不下去了。

我："你自己需要做出哪些改变才能过上这种自由自在的生活呢？"

沉默。

我："那么有谁能帮助你实现这一点吗？这个人为什么那么重要？"

孩子抬头想了一会儿，又低下头沉默着。

我："是什么限制着你过上那种生活？"

还是沉默。

我："你是从什么时候开始有这样的梦想的？为什么这个梦想这么重要？假如还有比这更重要的事情，那会是什么样的事情呢？"

孩子又低下头，似乎想推翻自己前面说过的所有话，嗫嚅地说："其实，我还没有想好呢。"

结语 对提问者来讲，尊重、观察、中正、灵活，是很重要的修养。不要咄咄逼人，占理的时候更不要如此。也不要喋喋不休，尤其不占理的时候。给充足时间让对方思考。允许和鼓励对方自主选择。亦不应强求一次谈话解决问题。好的谈话，至少要给下一次谈话创造机会。

刁难的问题

一次，两位年轻人找我聊天。

其中一位年轻人被我的提问击中痛点，便高兴地怂恿另一位其实是陪他来的年轻人提一个问题。那位年轻人刁难似地说："我此刻心情平静，没有任何问题！"眼光挑战地望着我。

我随口问："这是你的常态吗？"

对方："是。"

我："那么，是什么让你心情平静？"

对方："没有什么。"

我："那么，什么会让你心情不平静？"

对方："不会有这样的时候。"

我："心情平静对你来说很重要吗？"

对方："还好。"

我："心情不平静的好处是什么？"

沉默。

我："假设遇到无端指责，你会用什么样的办法让自己心情平静下来？"

对方开始支吾。

我："你的平静是因为知道怎样驾驭自己的心情吗？说说你的方法？"

沉默。

我："决定心情平静或不平静的内在动机与价值取向是什么？"

对方有些茫然，然后低下头。

我："那么，心情平静的坏处是什么？"

沉默。

我:"自然平静与恢复平静有什么区别呢?"

对方:"我明白了。"

> **结语** 挑战不是坏事,故意刁难只是提高了提问的难度。几乎任何难题——包括刁难,都可以通过足够数量的洞见性提问得到解决。重要的是提问者要心情平和、态度友好。

兼得才是最好的方法

与一位年轻母亲在微信里对话。

事实上,她是我过去的同事。

年轻母亲:"怎么才能改掉忍不住挑毛病的习惯呢?怎样才能成为赏识型的家长呢?"

我:"挑毛病为什么就不可以成为赏识型家长的优势呢?"

年轻母亲:"什么?我没听懂啊?"

我:"善于挑毛病的人通常都有比较好的洞察力,你如何才能将这份能力转化成为赏识型家长的一种优势呢?"

年轻母亲:"您是说,什么情况下挑毛病可以成为赏识型家长的必要条件吗?"

我笑了,说:"是的,你说得更简洁。"

年轻母亲:"您看到了吧?我在演示给您看呢,我的恶习有多重!"

我:"我很好奇,你为什么一直在认定这是恶习呢?在我看来,至少你刚才表达的句子就很好啊!"

年轻母亲:"因为我这样会给人带来不愉快。"

我:"被挑准的毛病,也会给人带来不愉快吗?我刚才并没有感到不愉快啊。"

年轻母亲笑了，有所保留地说："您不同啊！"

我："将挑毛病这个词，换一个词，你希望是什么？"

年轻母亲："什么意思？"

我："如果保留住洞察力，你希望将'挑毛病'中其他哪些部分去掉？"

年轻母亲："我在想……把当中的对与错的判断去掉，保留情感的部分……我还不确定。"

我："如果做到这一点，结果会怎样？"

年轻母亲："对方会接纳。"

我："很好！"

年轻母亲："但我总以为小孩子不知道什么是对与错。"

我："小孩子不知道什么是对与错，这很奇怪吗？"

年轻母亲："不奇怪。"

我："孩子需要通过什么才能知道对与错？告知？还是亲身经历？"

年轻母亲："告知不是更快长本事吗？"

我："你自己是这样得到本事的吗？"

年轻母亲："不是，只有很少一部分是，不是的，都不是。"

我："那为什么你教给孩子的方式和你自己学习的方式竟然如此不同甚至是截然相反的呢？"

年轻母亲："懂了！我知道怎样做了。"

我："你需要努力多久？"

年轻母亲："多久？"

我总结般地问："如果保留住洞察力，你希望将'挑毛病'中其他哪些部分去掉？如果做到这一点，结果会怎样？你需要努力多久才能做到？"

年轻母亲："懂了，我希望下一次就能做到。"

我："很好！下一次？那很快啊？为什么如此自信？"

年轻母亲："因为您的提问很有效啊？！"

我:"是吗?"

年轻母亲:"三言两语解决问题,厉害!"

我:"好吧,那你今天的收获是什么?"

年轻母亲:"兼得才是最好的方法,可是人们往往首先忽略这个选项。"

> **结语**
>
> 缺点与优点,是一体两面。就像连绵起伏的山,是由谷底与山顶构成的。转化,就是使缺点发挥出正面价值。转化过程中,需要去掉多余的部分,例如裁决、评判、指责、训斥。"兼得才是最好的方法,可是人们往往首先忽略这个选项。"

渴望教练

与一位朋友在微信里对话。

他失去父亲已经有两年了。

朋友:"父亲去世后的两年里,我几乎每周从周一到周四都回到妈妈那里陪她住,周五才回自己家住。可是,前几天姐姐陪妈妈去南方度假,我晚上走在回自己家的路上,每次都特别恍惚,不知要走去哪里,心里空空荡荡的,还有一种莫名的恐惧感。"

我:"告诉我,这份恐惧背后隐藏着什么样的动机?这份动机的正面意义或价值是什么?"

朋友:"动机?意义?我只感觉有妈妈就有家。以后妈妈不在了,我该如何面对?我会不知所措。"

我:"你身边那些失去父母的人,他们是怎样处理的?"

朋友:"不知道,没有探讨过。"

我:"不妨现在就好好探究一下,跟自己的潜意识深度沟通一下?"

朋友："如果我遇到困难，妈妈和姐姐会是第一个冲上来的人。是因为我怕失去依靠吗？"

我："问你自己？你来回答？"

朋友："我感觉我在生活、工作方面，真的用不着她们帮我什么。情感上，她们更依赖我。"

我："于是，你成为什么样的人？"

朋友："被需要的人。她们需要我。"

我："这不是很好的感觉吗？"

朋友："可是，她们现在去度假了，一下子都不在了，我感觉孤独。我感觉世上只剩下我自己了。"

我："然后呢？"

朋友："失去目标和动力。"

我："你比其他那些失去亲人的人，特别在哪里呢？"

朋友："没有什么特别，都一样的失去亲人。"

我："可是听上去你在寻求特别的对待？"

朋友无语。

我便换了一个问法："那么为了你的孩子，以及为了你自己，你还需要什么样的目标与动力？"

朋友："孩子不太需要我什么，最多就是经济支持。至于我自己的目标，就是想探索活着的价值。"

我："孩子仅仅需要经济上的支持吗？你对自己的父母也只有这样的需求吗？这些就是你想探索的活着的价值吗？"

朋友改口："不！我应该是孩子的后盾，心理上的强大依靠。"

我："你的孩子将来如果也像你今天这样害怕失去父母，你会对孩子有何建议或交代？"

朋友："我会说，这是人生的规律。"

我："孩子会怎样？"

朋友："孩子会伤心。"

我："对孩子的人生，你会担心些什么？"

朋友："我不担心。因为我的儿子沉稳、努力、谦虚、善良、正直，运气也出奇地好。他会平稳地过好这一生。"

我："那么，你自己的父母对你的人生会担心些什么？"

朋友："我父亲担心我，说我外柔内刚，不服软，会吃亏。"

我："那么，你如何做到让自己的父母放心？"

朋友："努力地宽以待人，并且让自己放松下来。"

我："很好！那么，妈妈就会放心，爸爸的在天之灵也会放心，对吗？"

朋友："是的，他们会放心。"

我："所以，你前面提到的恐惧感背后的动机便是你刚才讲过的'努力地宽以待人，让自己放松下来'，对吗？"

朋友："但我一直在脑海里预演着失去妈妈的画面，我父亲去世的前几年，我就不由自主地预演着类似的画面，然后一个人流泪。"

我："回答我前面的问题？"

朋友："好像不是！"

我："那是什么？"

朋友："应该是想让亲人们在一起。"

我："是吗？"

朋友："是的，那样我才会开心。"

我："哦，这很好啊！所以，这样的恐惧感其实并不可怕？"

朋友："嗯。"

我："这是你的潜意识告诉你的？"

朋友："应该是。"

我："很好！原来这份恐惧背后隐藏着这样美好的动机，对吗？这份动机的正面意义就是'珍惜今天'，是这样吗？"

朋友："嗯！最后定在这里很舒服！让我也不绕了。否则，我始终出不来。真好！困扰了很久的情绪，被你的几个提问解开了。"

我："可是你知道吗？我的父亲走了将近三年，我现在也是见鲜花要落泪、逢春水则伤心呢，更听不得鸟儿鸣！"

朋友："你那是诗人的情怀吧？"

我："不，是想念爸爸。因为爸爸特别喜欢野外的美景。可是，到处是美景啊！于是，仿佛到处都晃动着父亲的身影。"

朋友："我能理解。"

夜深了。

每个人的内心，都渴望得到教练——教练也是这样。

> **结语**
>
> 所有的难题，都可以参考这句提问来开场："告诉我，这份恐惧背后隐藏着什么样的动机？这份动机的正面意义或价值是什么？"过程中，努力找到对方逻辑中的关键部位进行提问，例如"孩子仅仅需要经济上的支持吗？你对自己的父母也只有这样的需求吗？这些就是你'想探索的活着的价值'吗？"还要不停地转换对方的身份或位置来发问，例如"你的孩子将来如果也像你今天这样害怕失去父母，你会对孩子有何建议或交代？"最后征求对方的意见，确认结果，例如"很好！原来这份恐惧背后隐藏着这样美好的动机，对吗？这份动机的正面意义就是'珍惜今天'，是这样吗？"所有答案，都需对方确认才可以结束。

不妨先讲个故事

一次晚饭的时候，恰好与一位年轻的经济学博士坐在一起，我便就国际国内的经济形势向他请教几个问题。

然后，我随口问道："你的培训项目中，有经济学课程吗？"

他答道:"有的,讲宏观经济形势。"

我问:"谁来讲?"

他说出了那位老师的名字。

我说:"我知道她。如果你来讲,你的优势是什么?"

他试探着答道:"会是更加系统的理论吧。"

我问:"那么你来讲这门课程的目的是什么?"

他说:"让学员们了解经济学的基本理论、重要知识点。"

我问:"学员们会收获到什么?"

他只好重复刚才的回答:"理论性的知识。"

我盯着他的眼睛,深深地问:"于是学员们会获得什么呢?"

他看着我,迟疑地说:"至少对个人理财有帮助吧。"

我接着问:"对于工作呢?学员们会得到什么帮助?"

他干脆地说:"对于解决工作中的问题不会有什么帮助。"

我知道谈话将卡在这里,于是开始讲故事:"2006年的时候,我在北大接受为期90多天工商管理培训,其中刘文忻老师讲授的经济学课程我很喜欢,她讲到成本分析、边际效益、熊彼特创新理论、供给与需求等等方面的知识,对于当时多年从事人事工作的我来讲却特别有感受,觉得很受启发,从中学到的思想方法、哲学思维很有用,深深感到经济学是那么精巧、严谨、有趣!我觉得,经济学的这份素养对在企业中从事任何工作的人都很重要,都会有很大的帮助。甚至刘文忻老师讲述的经济学家杨小凯的故事,都极大地震撼到我。后来我请刘老师专门为我们大庆油田中青年干部们备了一门'经济学素养'的课程,因为课程与学员们的经历与难题产生很多联结,培训效果很好。"

在听我讲故事的过程中,博士慢慢地吃惊地睁大眼睛。

我又回到先前谈话卡住的地方:"假如你在课堂上讲授理论的同时,请学员们研讨:'成本分析方法对你的工作有何启示?边际效益理论对你的工作有何启示?熊彼特创新理论对你的工作有何启示?供需理论对你的工作有何启示？经济学家杨小凯的故事对你的工作有何启示？'要求学员们用他们的案例去回应你的问题，同时要求用他们的难题去联结你的问题，这不是很好的行动学习设计吗？这么重要的经济学素养，你怎么能说对学员不会有什么帮助呢？"

博士的眼睛闪着惊喜的亮光："啊？可以这样的吗？"

我说："如果你能将德鲁克的《管理的实践》与《卓有成效的管理者》这两本书都读上30遍，那么在前面讲到的行动学习的环节您也完全能够应对自如的。你觉得呢？"

博士频频点头："是的，曾有人建议我研究管理经济学，我没有意识到这是我的机会。管理经济学与您刚才讲过的很相似啊！今晚真是太有收获了，回去我会认真考虑这件事。"

> **结语** 在谈话卡住的地方，不妨先讲个故事。再回到原先的话题，你将发现谈话会润滑很多。一切面向未来的景象，都用"假如"设定的问句开道，也会使谈话润滑很多。

也有毫无效果的时候

提问的效果由对方决定。

我曾经有过一次毫无效果的对话。

年轻人："如何才能有效摆脱负面情绪的困扰？"

我："发生了什么？使你有这样的困扰？"

年轻人："在生活或工作中，经常会不自觉地陷入忧郁、低落、消沉悲观的情绪，影响工作效率和生活节奏，尝试过常规的唱歌、运动、读书、找好友聊天等转移注意力的方式，但并不是很奏效，甚至过后更空虚。"

我："为什么认定'忧郁、低落、消极悲观'是'负面情绪'呢？"

年轻人："难道不是吗？"

我："'忧郁、低落、消极悲观'如果只是称之为情绪，不去定义是负面的情绪，你会得到什么呢？"

年轻人："完全不懂您在说什么！"

我："好吧，那我这样问，'忧郁、低落、消极悲观'这些你所谓的负面情绪是在提醒你要做出什么改变呢？"

年轻人："也许……"

年轻人茫然地沉默着。

我："在你过往的人生中，你遇到什么样的人和事才会产生'忧郁、低落、消极悲观'的情绪？你从中学到了什么呢？"

年轻人："好像……"

年轻人愈加茫然地沉默着。

我："你将情绪分为正面与负面的好处是什么？"

年轻人："啊？没有什么……"

年轻人索性从脸上褪掉茫然，只是沉默着。

我："如果你完全失去了所谓的负面情绪，你同时还会失去什么呢？"

年轻人干脆地："还是完全不懂您在说什么！"

我："好吧，那我这样问，你还会用到'正面情绪'这个词吗？"

年轻人冲口而出："当然啊！不过，我更不懂您的意思了。"

我："好了，我没有问题了。"

过了几天，年轻人找到我："老师，上次您问我的问题，到底是什么意思啊？我回去几天都没想明白！但是我很想知道那是什么意思？"

我只好说："人的情绪没有好坏之分，情绪就是情绪，好与坏是人打的标签，因为情绪来自内心深处对外界的敏锐反应，是保护我们自己的哨兵。好比说敌人来了，情绪就来报告；好朋友来了，情绪也来报告。但我们不能将报告坏消息的哨兵称为负面的，也不能将报告好消息的哨兵称为正面的。没有好坏，只是哨兵。"

年轻人："啊？真的是这样吗？"

我："假设真的是这样的，你会如何？"

年轻人："那我就更不懂了！"

我："你不懂什么？"

年轻人："事实是怎样的呢？科学是怎样解释的呢？"

我："最大的事实是你困扰于你所谓的负面情绪，不是吗？科学的解释我们还不能够很清楚地知道，但你可以选择相信什么，不是吗？"

年轻人："我应该选择相信什么？"

我："你自己！对吗？只有你自己才能面对和解决你自己的问题。"

年轻人："我应该如何做呢？"

我："你打算怎样回应报告坏消息的哨兵？"

年轻人："我吗？我会先谢谢这个报告坏消息的哨兵吗？"

我："是的。"

年轻人："然后我做些什么呢？"

我："你来决定。"

年轻人："还是不太懂，又好像有点懂……"

我："你有点懂的是什么？"

年轻人："好像我得改变什么吧？因为哨兵来报告了坏消息。"

我："你想改变什么？"

年轻人："我怎么知道？您又不告诉我！"

我："这要你来告诉自己。"

年轻人："哎呀，是什么呢？我回去再想……"

年轻人没再来找我。

结语 类似这样的对话，在实际生活中还发生过很多。也许还是机缘未到吧。对年轻人来讲，经历比知识更重要。或者说，需要经历来消化知识。

一句直抵三个人内心深处的提问

在一次 V 字形理论的学习活动中，我问出了使案例贡献者及另外两名学员即刻泪涌的一句话。

案例贡献者犹豫着说："有一件事情，过去很多年了，后来我们成了很好的朋友，他还多次用行动表示了对我的道歉，但我还是对这件事情，呃——怎么说呢？印象深刻、记忆犹新、不能忘怀。"

我："以至你现在还想倾诉这件事情？"

案例贡献者开始淡定地讲述："是的。事情是这样的，有一天，一对老夫妇来大楼里找一位领导，我热心地告诉这对夫妇那位领导正在开会，只能在他散会前你们到 15 层楼梯口才能等到他。第二天，我关心地问那位领导，昨天的那对老夫妇找到您没有？那位领导立刻严厉地质问我，原来是你告诉他们在 15 层楼梯口等我？我目瞪口呆！那位领导严肃的面孔至今令我不能放下。"

大概在五六分钟内，几位学员问到案例贡献者这样一些问题：

"你觉得你做错了什么吗？"

"如果是今天再次遇到这样的情况，你会怎样做？"

"你说你们后来成了很好的朋友，且已有很多年，为什么对这件事情还这样在意？"

"他用行动多次道歉，为什么还不能原谅他？"

"但我看到你至今依然还是这样热心，那你改变了什么呢？"

案例贡献者对这些问题一一进行了回应。

过程中，我一再提示所有学员：提问者的目的是以提问的方式帮助到案例贡献者，案例贡献者的目的是努力使自己从提问中获得学习。

在学员们提问停顿的片刻中，我缓缓地问道："你是如何断定那对老夫妇是值得帮助或是不值得帮助的呢？"

于是，发生了案例贡献者及另外两名学员即刻泪涌的一幕。

V 字形理论的学习活动通常要三四个小时，才能解读一个案例。可这一次，前后不到一刻钟就结束了。

行动学习对于时间有一条原则：结束的时候，就是结束的时候。

> **结语**
>
> "你是如何断定那对老夫妇是值得帮助或是不值得帮助的呢？"我不知道这句话击中了案例贡献者的哪一部分敏感区域，但我知道我问这句话的目的是什么，那就是提醒案例贡献者：我们无法根据结果好坏推断理由是否成立，也不应该那样做，尤其是在行善的时候。我猜测，案例贡献者的泪水是感动于自己今天仍然会做出当初那样的选择；而那两位学员的泪水，多半应该是源于与之相似的经历——他们感同身受了。

提问练习课堂中的真实对话

一次给中国石油化工集团公司（简称中石化）所属某公司的中层管理者做行动学习，在提问练习的课堂上，从每个小组里产生一名志愿者，我一一与志愿者进行提问演示。

1　学员从事着我所不熟悉的业务

学员："老师好！我是财务处长。马上要编制 2017 年的费用预算了，按照总部的要求，2017 年费用预算在 2016 年的基础上，生产运行成本要压缩 4%，经营管理费用压缩 10%。我们公司每年都在不断地压缩费用额度，总部也说，'你们的费用已经很低了，已经很不好意思再压缩你们的费用了，但是压缩还是要压缩的。'所以，我感觉到很为难。我的难题是'我如何才能编制出一个合理的、符合大家预期的2017年度费用预算？'"

我："我非常感兴趣的是，总部的人说，'费用已经很低了，已经不好意思再压了'，那么他所说的那个'很低'的依据是什么？"

学员："'很低'的依据是集团内30多家炼化企业里的横向对比。"

我："压缩是一个统一的硬性的标准吗？"

学员："是的。"

我："其他的炼化公司的压缩比例是否也是4%和10%？"

学员："是的。"

我："其实每个单位承受这样的指标的能力是不同的，是吗？"

学员："是的。"

我："你觉得，总部为什么要制定一个统一的指标来考核那些承受能力不同的企业？"

学员："我觉得总部在衡量指标的时候，有'一刀切'的嫌疑。"

我："'一刀切'在什么情况下，是值得原谅和理解的？"

学员："如果能够用一个确切的标准来衡量业务量，我认为可以接受。"

我："那么，我们现在具备像你刚才说的这样的条件吗？"

学员："这两年比起以前是趋好的。"

我："是因为这两年趋好，总部才出台这种'一刀切'的指标吗？"

学员："我说的趋好，是评价指标的方法是趋好的，以前是硬性的压缩，现在能看出来在改进，可能是从变量来判定会更合理。"

我："那就是说'一刀切'的不合理性，已经越来越趋小了，是吗？那么，按照这个趋势发展下去，未来3到5年会怎样？"

学员："趋好是一定的，任何一项费用都存在一个合理的衡量指标。但是，我觉得这里面有一个不可能解决的问题，就是管理文化的问题，就是说，如果你今年好了，上面会认为你可能明年会更好，就会觉得你的费用应该还可以再压缩一点。"

我："好，在这个过程中我知道了，我们虽然面对了一个不合理的问题，但却处在一个不断往合理的方向发展的轨道上，是吗？"

学员："是的。"

我："你对中石化未来5到10年，解决这个问题会越来越趋好，有没有信心？"

学员："有。"

我："那么在越来越趋好的过程中，我们能做的贡献是什么？"

这是一个赋能性的提问，能够引发学员从全新的角度思考问题，以开放的心态去思考各种可能性。

学员："我们所能做的贡献，第一是本着实事求是的原则，我能发生多少做多少。第二是严格业务量化的过程，我觉得任何一项人员费用指标、任何一项业务，都是可以量化的，公开透明地反馈信息，从编制到控制，我们的指标都能找到一个合理的切入点。"

我："据你的观察，其他企业是不是也是像你想的，只要把它趋于透明公开，数据准确，就会使中石化总部做出的决策更趋合理？"

学员："对。"

我："刚才说，我们每个企业都被'一刀切'了，两项费用都分别砍了相同的数字。我要问，我们中石化类似的企业，在盈利的这个点上，是不是也处在同一个水平上？"

学员："不在同一水平上。"

我："那么这个盈利的区间，在多大程度上抵消了？"

学员："从目前的考核体系来讲，没有相互抵减，这两个指标在考核上是相互独立的。"

我："我们假设，如果企业在盈利的能力上不同，那么中石化总部会不会将盈利多的那一部分作为提高我们收入的一个基础参考数据？"

学员："会的。"

我："那么在你看来，提高收入的这个目标，是不是和我们被压缩的

4%和10%的目标是一种良性的、互动向前的数据？"

学员："利润指标完成之后，是可以良性地增加职工的收入。但是把成本费用的两个指标分离出来之后的关联性很大。"

我："就是不会一直往下走的？"

学员："对对对！"

我："出现什么样的变革性的因素，会继续加大那两项费用指标的比率，从4%提高到6%，甚至8%，从10%提高到15%，有没有这种可能？"

这是一个探索性的开放式提问，能够使学员打开新的思路，对事物产生新的洞见，从而对事物有新的发现。

学员："从经营管理费用上来讲，出现这种大的变革的可能性不大。我想，这种费用如果要压缩，只能从我们的管理理念和企业文化来寻找空间，这是一个更大的理念问题。生产运营的费用，应该还是有空间的，也就是说，能耗、物耗，包括设备制造，发生大的技术变革的话，应该还是有可能的。"

我："你刚才说的那个有可能，空间似乎不是很大。但是你前面提到，如果从管理的模式上和企业文化上多做一些事情的话还是有空间的，似乎空间不小。那么，请把那个所谓的管理模式和文化说得再透彻一些？"

学员："我们成本管理有一句话，就是'一切成本费用都可控'。就像我们生产讲'一切事故都有原因'。我觉得，这个生产经营管理工具就像我们在自己口袋里消费一样，你自己口袋有多少钱，你去消费多少，就是看着自己的钱袋去做事。如果说，要做事，先评估事情的合理性，是否应该做，然后再考虑钱的问题，这个角度转换一下，我觉得这里面可能会有空间。"

我："你能不能说我们公司在企业文化和经营管理模式上，加入什么元素，在费用上会变得更有压缩的空间？"

学员："我觉得就是刚才说的，要转变思考角度，先做事，后算钱。"

我："好，因为时间关系，我们就演示到这里。我现在请你回答一个问题，在刚才回答提问的过程当中，你认为自己处在哪种反馈模式？"

在提问演示之前，我告诉大家，通常我们在聆听中处在由低到高的三个层次当中：自动化聆听、关闭评判、深度聆听。而在回答提问的过程里，人们通常会处在由低到高的三种模式当中：解释、抗辩、汲取。

学员："我感觉大部分时间我是处在解释模式。"

我转身问向全体学员："那么，你们认为呢？"

很多学员早就观察到这一点。

我："好，我再问一个问题，这些问题当中，哪个问题让你进入到汲取模式？或者有可能让你进入到汲取模式？"

学员："我们公司加入什么样的管理文化，可以让这个费用能够得到控制和压缩？"

我又一次转身问向全体学员："我们看这个问题有什么特点？有两个特点，第一个特点是这个问题是这位财务处长在回应我的提问中自己提到的，第二特点是这个问题是我们的软肋，如何能解决这个软肋呢？所以我们刚才的谈话只有一个结果，就是寻找突破口，寻求破解这个难局。"

尽管还有些模糊，但这位学员的思考已经由解决眼前财务编制问题的单环学习触及了对财务系统与企业管理系统进行反思的双环学习，并且引发了对企业管理理念与企业文化进行反思的三环学习。

我又面向这位财务处长："接下来我们就要思考，由谁以及怎样解决前面提到的这些大大小小的问题，从什么时候开始解决？"

学员："这个问题啊，我还真的没认真想过从什么时候开始。"

我："那你希望从什么时候开始？"

学员："我希望从现在开始。"

我："你希望第一步至少要做到什么程度？"

学员："至少我要让大家明白，每一项费用是什么概念和内涵。"

我："好，那你觉得应该从谁那里开始？"

学员："从综合计划处处长那里开始。"

我:"那么,综合计划处长他认为应该从哪里开始?"

学员:"我认为他们肯定要从原油采购开始。"

我:"第二步你觉得应该做什么?"

学员:"嗯,我还没认真想过。"

我面向大家:"可能很多人觉得,从事财务工作,死的东西多一些。但是,通过刚才的提问演示,我们应该看到了,我们的这位学员在回应我的这些提问的过程中,开始思考更为宽阔的问题了,这些问题往往就是我们在任何一个岗位上的管理者,都不能回避的根本性问题。"

2　演示在继续……

我:"接下来我们继续进行提问演示,但我们要增加一点难度,当你陈述难题之后,我每问一个问题,你都要打一个分,最多 10 分,最低 1 分,自己把握尺度和标准来打分。"

第二小组的志愿者是一位机关管理部门的领导。

学员:"我的难题是'一些老资格的员工,俗称老油条,因为年龄大,工作年限长,缺乏工作积极性,如何能够调动这些老员工的积极性,从而适应我们管理工作的要求?'"

我:"这个所谓'老员工的工作积极性难以调动',是必然的吗?"

学员:"不能说是普遍现象。"

我:"如果不是必然的,那为什么前面要加个'老员工'呢?"

提问中的"为什么"句式,是直接逼问价值观的,会迫使对方去深入反思自己的因果假设。当然,这类问题可能会让被提问者感到不舒服。

学员:"年轻的员工不积极工作的现象相对少一些。"

我:"也就是说,年轻员工当中也会有难以调动积极性的,是吗?"

学员:"肯定会有的,不是全部都那么好。"

我:"请根据你自己内在的判断,给我刚才问的 3 个问题打分,最少 1 分,最多是 10 分。第 1 个问题是'为什么要在前面加一个老员工呢?'"

学员:"这个打 8 分吧。"

我:"第 2 个问题是'所有的老员工都难以调动积极性吗?'"

学员:"打 8 分。"

我:"第 3 个问题是'在年轻员工当中,是否也有难以调动积极性的?'"

学员:"这个打 7 分吧,这 3 个提问给我拓展了一个新的思考领域。"

我:"你要解决的问题是工作积极性难以调动的问题。但是我注意到你在前面加了一个定语——老员工,所以我想知道,老员工和积极性难以调动之间的逻辑关系,请给我讲一讲?"

学员:"我感觉老员工可能会觉得自己以前做了很大的贡献,所以心态上有惰性。"

我:"这个问题打几分?"

学员:"嗯,9 分。"

我:"老员工有哪些优势呢?"

学员:"优点应该是工作经历和工作经验丰富。"

我:"第一,经历丰富,第二,经验丰富。"

学员:"当然了,还有协调能力强。"

我:"第三,协调能力强。还有第四个吗?"

学员:"嗯,暂时就想那么多。"

我面向全体学员:"谁能补充一下第四个是什么?"

有学员补充,"人际关系有优势。""综合能力强。"

我:"我再补充一条,工作案例多。看,我们又多了 3 条,你同意吗?"

学员:"我觉得这些优势,从大的方面说,都属于经历和经验。"

我:"如果我们不从大的方面说,只从小的方面说呢?"

学员:"如果要细分的话,确实老员工还有这些优势。"

我:"你觉得从大方面说,对你更有利呢?还是从小的方面、把它拆开来说,对你更有利呢?"

学员:"那肯定是越细分越好,这样有利于挖掘他的优点,发挥好他的长处。"

我："好，给刚才问的这个问题打分'你觉得从大的方面说，对你更有利呢，还是拆开来从小的方面说，对你更有利呢？'"

学员："应该9到10分吧，打9.5分。"

我："我们不打带小数点的分。之前的那个问题'老员工有什么优势？'你说了3条，大家补充了3条，那么来评估一下这句提问的价值。"

学员："10分。"

我："10分啊？这不是人情分吧？"

学员："不是不是，这个问题拓宽了我的思路。"

我："好，我们演示到这里。"

学员："谢谢老师！"

3　具体的提问会带来具体的答案

第三小组的志愿者是一位车间主任。

学员："我的难题是'现在我们装置是边施工、边生产，而且施工点多，每一个点配一个监护人，我的人手不够。'"

我："既要完成自己的生产任务，同时还要做好监护施工工作，这会给你带来什么好处呢？"

学员："好处就是施工任务能够按标准完成。"

我："第二条呢？"

学员："随之生产任务也就能如期完成了。"

我："第三条好处是什么呢？"

学员："还没想好。"

我面向大家："谁能告诉我第三条好处是什么？"

有学员说，"锻炼队伍。""节约成本。"

我："你听到了几句？"

学员："我听到了两句，锻炼队伍，节约成本。"

我："你同意哪一句？"

学员："我同意第一句，锻炼队伍。"

我："你们保证安全的能力得到了提高，这是不是一个好处？你在这种情况下还同时保证了安全，说明你们的安全管理能力得到了提高？"

学员："我只能说是我的班组人员的工作能力有所提高，也算是一个好处吧。"

我："让我们来回顾一下。我的第一个问题是什么？'你边生产边监督施工，得到了什么好处？'那么，好处是既完成了生产任务，也完成了施工任务，又有人说好处是锻炼队伍，还有人说好处是节约成本，还有人说好处是锻炼队伍的安全管理能力。你承认这5条好处吗？"

学员："承认。"

我："可是之前你说，你只得到了2条好处，现在你又得到了3条好处，谁告诉你的？"

学员："别人告诉我的。"

学员中有人说："是团队。"

我："已经有人说是团队，这个团队还可以被称为什么？"

学员："集体。"

我："还可以称为结构化小组。我刚才问的一个问题，'既要完成自己的生产任务，同时还要做好监护施工工作，这会给你带来什么好处呢？'请打分。"

学员："6分。"

我："好的。第二个问题，既做生产又做施工监督，你会选哪5个人？请说出这5个人的名字。为什么是这5个人？"

学员："分别是我们的4个班长，还有一个是副班长，我会挑他们5个，整个下来，边做生产，边做监督。我觉得不管是技能还是态度，还有处理紧急情况的能力，他们都是最好的。"

我："第二个问题问完了，请打分。"

学员："我觉得应该打7分。"

我："好，如果你选择这5个人，这5个人在工作的过程中或者工作结束之后，会得到什么？"

学员："会得到考核加分。"

我："好，第三个问题，如果再选4个人，不从班长里选，你会选哪4个人？为什么是这4个人，这4个人会得到什么？"

学员很快地说出了4个人的名字。然后说："我挑选他们的原因跟前面一样，也就是说他们不管从技能水平、还是从责任心来说，他们都是除了前面5个人当中最好的，他们会得到考核加分的好处。"

我："除了考核加分这个奖励方式之外，如果允许你找主管领导，并通过主管领导找到董事长，让你争取到一个对他们第二个奖励的方式的话，你觉得是奖励他们什么比较合适？我举出几个选择，你从中选一个，奖金、休假、表彰先进和外出学习的机会，你会选哪一个？"

学员："我会选外出学习的机会。"

我："那他们会得到什么？"

学员："他们的能力会得到进一步提升。"

我："这是第三个问题，请打分。"

学员："我觉得打7分。"

我："假如把这9个人找来，开一个小时的会，你给他们安排什么任务呢？在这一个小时里面，你怎么安排会议的议程，每个议程用多长时间，这个你不至于很快就回答出来吧？"

学员沉默着。

我也沉默着等待他的答案。

学员："首先，我会用10到15分钟介绍我们车间将要承担的任务。第二个，让他们分别用2到3分钟的时间谈谈对完成这项任务的想法。"

我面向大家："大家觉得这第二个议程怎么样，很好，给他一点掌声吧。"

学员们鼓掌。

学员："第三个就是说，既然我找他们来开会，我肯定是想好了怎么安排，告诉他们，我准备给他们下达这样一个任务。"

我："有分工吗？"

学员："肯定是有分工，安排分工大概用10到15分钟。还剩10分钟时间，让他们9个人发表对我们车间的安排有什么意见。"

我："好，我的问题问完了。"

学员："我觉得这个打9分。"

我："那么，我再问一个问题，如果坚持这样做下去，5年之后，你的队伍会有什么变化呢？"

学员："我觉得最起码从这9个人来说的话，跟现在来比，他们会有一个很大的突破，或者说是进步。"

我："打个分。"

学员："我觉得打9分。"

我："5年之后，他们9个会变成另外样子的人，那么你会变成什么样的人呢？"

学员："我觉得我还是车间主任。"

我："我没有问你的职务，我在问你，跟今天相比，5年以后，你会成为什么样的人？你的家人会怎么看你？你的同学会怎么看你呢？你的退休老同事、老领导会怎么看你？在他们的眼里，你是什么样的人？"

学员沉默着。显然这个问题引发了学员对内在价值的深刻思考。

我："你会变成什么样的人？这个问题打几分？"

学员："这个应该能打10分。"

学员们鼓掌。

我："我注意到你有点不好意思回答最后一个问题。"

学员："我真的没想好这个问题该怎么回答。"

我："但是你却打了10分呢！我再补充一下前面倒数第三个问题，就是组织他们开会这个问题。如果请你列出5个人要列席，能说出他们的名字吗？你说'能'还是'不能'就可以了，不用说出名字。"

学员："能。"

我："现在就能列出来名单吗？为什么是这5个人？"

学员："因为这5个人是我现在想着力培养的人，我觉得他们的责任心比较强，而且学习的能力比较强。"

我："如果再选30个人坐在后面列席这个会，你不用说名字了，你准备选哪三部分人？哪3类人坐在这旁听？"

学员："就我们目前车间的情况来说，我想第一部分人是选今年入厂的学生。"

我："我刚才心里也是这么想的。"

学员："谢谢！第二部分人是工作积极的人。"

我："第三部分人呢？"

学员："第三部分人是有一定的基础、准备再进一步培养的人。"

我："好，谢谢你，我们就演示到这里。"

学员："谢谢老师！"

4　忽然遇到一个关于培训的难题

第四小组的志愿者仍是一位车间主任。

学员："我的难题是'基层员工参加培训的积极性不高，自觉性不强，对培训有一种抵触情绪，怎么解决？'"

我："好的，请告诉我，这部分人处在哪个年龄段？"

学员："参加工作5年以上的，技能相对比较成熟的工人为主。"

我："好的，第一个问题，你如何划分工龄5年以内和5年以上的两类或更多类的培训产品？"

学员："没有划分过。"

我："请打个分。"

学员:"1分。"

我:"好的,第二个问题,如果现在要把我们的培训产品初步分成两类,一类培训是聚焦在参加工作5年以内的员工,一类培训是聚焦在参加工作5年以上的员工,如果由你来设计,你希望怎么划分呢?"

学员:"如果是针对工作5年以内的员工培训,我们侧重基础知识和现场应急处置的内容。如果是工作5年以上员工的培训,我们更侧重专业管理类和综合类的培训。"

我:"第三个问题,如果刚才的划分列入公司培训计划了,你希望由哪些人来讲授5年以上的课程呢?这些人应该来自哪里?为什么呢?"

学员:"师资应来自车间管理人员和班组骨干,同时希望能够安排一些外请实战型的授课老师。希望课程实用。这个问题打6分。"

我:"第四个问题,如果做这件事要确定5门课程,你认为排在前5名的课程是什么?"

学员:"第一,工艺技术。第二,设备。第三个,安全管理。第四个,综合管理类的。第五,沟通能力。"

我:"如果让你把全部课程说出来,你需要多长时间考虑?"

学员:"是的,这里头每一类都可以细分。需要一些时间。"

我:"假如你们车间2017年准备培训12门课程,你已经列出了5门,余下7门你需要多长时间把它想出来?10分钟时间够不够?"

学员:"不够,因为这个会涉及很多方面的内容。"

我:"我想知道你大概需要多长时间?"

学员:"一天。"

我:"什么?一天?好的,一天。如果是一天,你把12门课程的名称列出来了,并且董事长授权你2017年去实施的话,第一步做什么?"

学员:"最大的困难是我抽不出人手。"

我:"假设你所需要的支持,公司能够协调解决,你只需要说第一步做什么就行。"

学员："测试。"

我："测试什么?"

学员："摸底。"

我："针对12门课程测试摸底需要用多长时间?"

学员："3天。"

我："第二步做什么?"

学员："帮每个人找短板。"

我："需要多长时间?"

学员："2天。"

我："好了,加起来是5天。你需要多长时间把2017年详细培训计划拿出来?要精确到周。"

学员："1个礼拜。"

我："第五个问题,如果现在是2018年,2017年的计划已经完成了,你希望得到什么成果?"

学员："人员技术力量和团队综合素质有一个提高。"

我："请给第五个问题打分。"

学员："5分。"

我："最后一个问题,如果你希望刚才那些设想都是真的,就你现在的位置以及真实性、现实性而言,你所能做的是什么呢?"

学员："我先抽几位员工进行实操锻炼,分批培养。"

我："实际上你已经开始实行计划,只不过是计划的第一步。如果这一步完成了,你会想再做什么?"

学员："进行第二梯队的培训。"

我："给这个问题打分。"

学员："3分。"

我："如果做第三件事情——不能说要培养第三梯队,你会做什么?"

学员："给他们一个讨论和竞争的平台。"

我:"给这个问题打分。"

学员:"8分。"

我面向大家:"大家都听清楚了吗?好,我们就到这里。"

学员:"但是我还有疑问,您问到的都是关于培训产品的问题,可困扰我的是员工对培训不感兴趣的问题啊?"

这才是这位学员一直打低分的原因。

我:"你觉得在培训活动中员工会对不好的培训产品感兴趣吗?培训产品一方面是内容的问题,另一方面就是形式的问题。例如我们今天的培训活动就是采用行动学习的方式,大家把能量和关注点放在行动上、放在效果上,你不是会更感兴趣吗?"

学员:"啊?是这样的呀!谢谢老师!"

5 引起我的回忆……

第五小组的志愿者是一位纪委副书记。

学员:"我的难题是'职工活动诸如工会活动以及党员活动,内容如何设定才能符合现行的党风廉政建设规定和政策?'"

我:"好的,第一个问题,你感到焦虑的是什么?"

学员:"我希望各个部门和车间的党支部既能积极地开展活动,又不违反党风廉政建设规定。"

我:"还有呢?"

学员:"我希望这个活动要多元化,不要雷同。比如说年底,大家组织的全都是文体活动。"

我:"第三个呢?"

学员:"我希望通过这个活动的开展,能够达到预期目的。"

我:"第四点呢?"

学员:"我们如何围绕服务生产经营的实际来开展这些活动。"

我:"第五呢?"

学员："我希望开展活动的过程中，能够锻炼员工，能够涌现一批杰出的青年员工，能够发现一批人才。"

我面向大家："好的，刚才我们将他提出来的'工会和党员活动内容如何设定才能合规？'这样一个比较宽泛的难题，分解成5个非常具体和细化的小问题，来帮助他理解原问题。"

我又面向学员："刚才你跟我说了5点，都是'我希望'。我的问题是，'你焦虑的是什么？'那我可不可以这么理解，你焦虑的就是你的希望？"

学员："我的焦虑，怎么说呢，我刚接触这个工作，有些方面考虑得不成熟。然后对有些政策摸得不够熟，怎样做才能将活动引导落实到行动中，是我预期的最终目的。"

我："我听明白了，我看我理解的对不对？你焦虑的是这5点希望怎么才能得到落实，是吗？这是我的第一个问题。"

学员："是的。我觉得这个问题把我的焦虑进行了细分，对我有提示作用，所以我觉得应该打8分。"

我："这个分数有点出乎我的意料。刚才我问'你焦虑的是什么？'然后我得到的答案是，你很焦虑这5点希望能不能落实。在这两个月里，你需要化解这些焦虑，那么你第一件事做了什么？"

学员："学习。"

我："学习什么？"

学员："学习中石化总部的有关政策以及国家的有关法律法规。"

我："你的话引起了我的回忆。在1996年的时候，我曾经用6个月的时间参与起草一份企业精神文明建设十五年规划。你说第一件事用两个月时间学文件，引起了我的回忆，我们就是这样做的。用2个月时间学文件不能算是很长的时间。那么你做的第二件事是什么？"

学员："第二件事就是按照新的文件和规定的要求，梳理整个党群工作，我们该做哪几项规定的工作。第三件事是我们将这些工作进行分工、沟通和汇报，争取领导的支持，最后形成部门统一意见之后，再进行内部分工，将工作责任落实到人头。"

我："第四件事呢？"

学员："主要是了解支部工作开展得怎么样，找到与我们现行的政策和要求的差距，然后提出具体的要求，并安排具体的工作。"

我："第五件事呢？"

学员："第五件事是对照规定工作以及从数据中发现的问题，推进每一项的落实，同时协调督促其他部门配合做工作。"

我："现在让你给这5项工作做一个综合打分，最少是1分，最多是10分，你打几分呢？"

学员："目前打6分吧。"

我："还差4分满分，是吧？"

学员："对。"

我："那我要问的是，你见过打满分的部门吗？"

学员："目前还没有。"

我："你所见过的，你们公司这些部门中最高是多少分，不用说部门名字，说分就行。"

学员："我觉得最高是8分吧。"

我："好，6分和8分比，相差2分。如果下一步采取措施来尽力弥补那2分，你要采取的第一项措施是什么？"

学员："对支部，包括我们部门内部的管理，这一项要增加。"

我："管理是你下一步的杠杆，我可以这样理解吗？如果在这个杠杆里多加一点力的话，是不是就会对整个局面有改观？好，如果它是杠杆，在管理上做三件事，第一件是什么？"

学员："我要建立适合我们公司实际的一整套党建工作管理制度。"

我："好，谁来牵头？"

学员："这个由我们部门牵头。"

我："我刚才说只要三件就可以了。第二件是什么？"

学员:"第二件是建立考核制度和考核体系。"

我:"谁来做?"

学员:"还是我们来做。"

我:"第三件是什么?"

学员:"第三件是具体抓执行。"

我:"谁来做呢?"

学员:"各个支部和部门来执行,我们监督执行。"

我:"从6分到8分,我们的差距是2分,如果这三件事情都做了,你需要多长时间能达到7分?"

学员:"按照我的设想,需要一年的时间。"

我:"然后你还需要多长时间达到8分?"

学员:"再一年。"

我:"也就是两年时间达到8分。那你对两年达到8分的信心,从1分到10分的话,有几分信心?"

学员:"从前两个月的运行来看,我的信心有9分。"

我:"据您所知,兄弟企业当中,哪个企业这项工作做得好?"

学员:"这个很难有可比性。"

我:"好,那么据我所知,有一个中国石油的企业,他们的纪检监察这项工作做得很好,在中国石油内部交流过经验。那么如果有这样的线索,你愿意跟他们建立起某种联系吗?"

学员:"愿意。"

我:"你希望这种联系是什么形式的?有以下几种,第一,由中石化总部牵头搞的年会,通过年会促进企业之间搞一些合作;第二,是课题组;第三,就是电话会议或视频会,还有互联网。你希望这几种方式都有,还是只需要一两种?"

学员:"我觉得还是要综合运用各种方法。"

我:"如果现在不能都实现,你想首先实现哪个?"

学员："我选互联网，最直接、最快。"

我："好吧，我们的演示就到这里。"

这堂课上，大家明显对提问技术开始产生好奇。

有学员问："怎样才能做到像老师那样提问呢？有没有一个关于提问逻辑的架构呢？能不能告诉我们一个学习提问的路径呢？"

我说："提问技术是可以学习的，并且作为一名管理者，要善于提问。在刚才的演示中，其实只有被提问的那个人，才有最真实的感受，而旁观者无法达到这个程度。无论旁观者听起来觉得多么有触动，都不如被提问者内心的感受更强烈、更真实。我们接下来还有两次提问训练课程，我会介绍一些你们所谓的提问逻辑、提问路径，需要你们每个人向别人提出问题并向他人反馈聆听提问的感受，从内心真正去感受提问的力量。"

> **结语** 现场产生若干难题贡献者轮流进行提问训练，是管理者课堂上的必修课。只能在提问中学习提问。如同那句老话——"在战争中学习战争"。

说话紧张的年轻人

年轻人："老师，我应如何克服在公共场合讲话的紧张情绪？发挥出自己应有的水平？"

我："你是如何发现自己紧张的？"

年轻人："感到的呀！"

我："你确认自己是紧张吗？"

年轻人："是呀！"

我："不是兴奋？"

年轻人:"嗯,不是。"

我:"你紧张背后的意图是什么?"

年轻人:"想表达得更好,给他人留下好印象,特别是那些对我抱有较大期望的人以及我很在乎的人。"

我:"这是很好的动机!他人也注意到或很在意你的紧张吗?"

年轻人:"也许有吧,但也许没有。"

我:"你如何确认你已经具备了'应有的水平'?只是因为自己紧张,才没有发挥出来呢?"

年轻人:"啊!那不是的,我要修改一下我之前的问题,不是'应有的水平',是'实际的水平'。"

我:"好的。那请告诉我,这份紧张感对你的好处是什么?"

年轻人:"没有感觉到好处啊?"

我:"紧张情绪是在提醒你做出哪些改变?"

年轻人:"哦!我平时当听众多,公众场合讲话少,要改变这一点。"

我:"很好,还有呢?"

年轻人:"我有拖延症,讲话前不进行充分准备,只能草草上场。"

我:"非常好——不过不要过早定义自己有什么症,还有吗?"

年轻人:"对所讲的领域其实并不熟悉、也不精通,所以自信心不强,气场也不够强。"

我:"很好,那么接下来你会怎样做?"

年轻人:"制定计划,把更多的时间用在熟悉发言内容和演练上,告别拖延症——我又定义自己了。正式开始演讲前多演练几遍。买一些心理学、演讲类的书籍,学习和掌握一些讲话技巧。"

我:"很好,还有呢?"

年轻人:"调整自己的心态,降低自己的期望值。锻炼好身体,使自己的气血更旺,增强自信心,增强气场。将取得的经验应用于其他会使自己紧张的领域。将取得的改变保持下来,内化于心,外化于形。将自己的经验分享给其他有类似困惑的人，帮助他们尽快克服困难。"

我："非常好！真的非常好！那如果用5W2H衡量你刚才说的这些想法，你会怎样具体描述这些措施呢？"

年轻人："什么是5W2H？"

我："5W，就是做什么事、为什么做、什么时间做、什么地点做、与谁一起做？2H，就是用什么方式做、做到什么程度？"

对5W2H，我用了最简单的解释。

年轻人："啊！那要好好想一想！"

我："然后会怎样？"

年轻人："会更具体、更便于执行。"

我："如果用SMART原则重新描述你的目标呢？"

年轻人："什么是SMART原则？"

我："明确而具体的、可描述与可衡量的、可行且可实现的、相关性强即较重要的、有时限性的。"

年轻人："那样我的目标会更明确。"

我："前面你想到的那些措施，哪一条会带来最大的收获？"

年轻人："第一条。"

我："你会从这一条开始吗？并且会用更多精力做这件事情吗？"

年轻人："是的！"

我："我如何才能知道你已经实现了目标？"

对这句提问，年轻人竟滔滔回答了很多话，其中有两句是这样的："我会如实告知您，我已经实现了目标。但您还是要通过我的改变来作判断。"

年轻人的滔滔回应，使我脱口冒出一句提问："好的，你刚才说了很多来回答我这个问题，现在回过头来审视这个问题，你有什么发现？"

年轻人："发现那是一个好问题！我还发现，我最初的难题并没有那么可怕，完全可以通过努力一步一步得到解决。尽管可能会比较漫长。"

我："漫长不怕，值得就好。"

年轻人："老师，对您前面有的提问，为什么我有点听不懂？"

我："你要知道，提问不代表提问者想知道什么。正相反，只代表被提问者该知道什么。这就是反思。只有深度聆听才能做到。"

年轻人："知道了，可是怎样才能做到深度聆听呢？"

我："是要努力在对方的提问中洞察出对自己有用的、面向未来的、聚焦于行动的、只运用自己力量去解决难题的决策性信息。"

年轻人："啊？这要经过长期有意识地训练自己才能做到啊！"

我："是的，但只要开始，并不难。"

> **结语**
>
> "你是如何发现的？"会使人聚焦于未能全部呈现的事实。"你想做出哪些改变？"会使人聚焦于理想中的行动。过程中，往往多问几次"还有呢？"崭新的、令人振奋的想法就会频频出现。"如果用SMART原则重新描述你的目标呢？"会使人更加清晰地看到自己的目标。"如果用5W2H衡量你刚才说的这些想法，你会怎样具体描述这些措施呢？"会使人自动自发地产生很多具体的、落地的措施。其实，每个人都是自己潜在的教练。

焦虑的年轻人

年轻人："自己同时有很多任务要去完成的时候，就会导致心情是焦虑的，一旦焦虑不仅会影响正常的生活，也会导致每个任务的完成情况并不怎么好，我应该如何调整呢？"

我："体会一下，先试着原谅自己的感觉？"

年轻人："啊？体会到了，很舒服。"

我："很好！如果我是你，刚刚参加工作就面临这些问题，会很惶恐的。我很想知道，你是怎样爆发了能量去应对这么多工作的？"

年轻人："我觉得是责任感，还有自己想提升的愿望。"

我："真好！听起来这些远远重要于工作质量呢？"

年轻人笑了："我目前觉得工作质量也挺重要的，因此会有这个担忧。"

我："太棒了！看来你打算兼得。那么，假如再用一年的时间，你计划将工作质量提升到什么程度呢？"

年轻人："您这么一问，我发现自己心里也没有明确的标准。我觉得，起码要达到平均水平吧，或者自己能更从容些。"

我："哦？那已经不容易了！那么，你最寄予厚望的方法是什么呢？"

年轻人："那就只能是多做吧，做多了可能就从容了。"

我："我很赞成！一年的时间就达到平均水平、使自己从容应对诸多工作，就得靠多实践。现在，请你重新定义你的难题，你会如何描述呢？"

年轻人："我现在发现这不是一个难题了！焦虑是暂时的，来自于工作时间短、经验少。通过不断地实践、反思、再实践，我想以后自然就会好起来。我要容许自己的任务完成得不是那么好，给自己点时间和宽容的余地，我不知道这样想对不对？"

我："你来决定。不过，我很高兴你能这样想。你知道吗？你此刻让我嫉妒了，替当年那个年轻的我。"

年轻人又笑了："谢谢老师的指点！"

我："是你自己在解决自己的问题。我只是问了几个问题。"

> **结语**
>
> "现在，请你重新定义你的难题，你会如何描述呢？"假如有足够的铺垫，这句发问往往会熠熠生辉！因为多半会得到这样的回应："我现在发现这已经不是一个难题了！"假如对方来确认："我不知道这样想对不对？""你来决定。"这句虽不是提问，却是赋予能量的金句。

一位可爱的"80后"中层干部

在一次行动学习活动中,我听到一位"80后"的中层干部说:"我给下属做奖金,拿去给经理看,经理将其中一位员工的奖金减少一大半。那位员工来找我理论,我说是经理这样做的,他便找到经理大闹一场。事后经理狠狠批评了我一顿,我感觉很委屈。又不是我的错,为什么要批评我?"

我说:"我问你几个问题,不要回答我,只在内心回答给自己,过程中你只需冲我点点头让我知道你已经有了答案就好。可以吗?"

他说:"好。"

我问:"那位员工应该得到多少奖金?减少那位员工的奖金,符合或者不符合奖金发放的哪些原则和标准?如果应该减少他的奖金,应该由谁来做?通过怎样的程序?你与经理的职责界限分别在哪里?如果有更好的处理方法,会是什么?以后再遇到这样的事情,你会怎样做?这件事情对你的影响是什么?你从中学到了什么?"

过程中,这位"80后"中层干部没有作声,一直在思考、点头。

然后我请他离开座位,走到几米之外我的身边,请他注视他刚才的座位。我问:"假设10年之后,你是经理,我请你对那个座位中的一位做了与你同样事情的年轻中层干部说几句话,那么第一句是什么?第二句呢?第三句呢?第四句呢?假如他一直坚持说'又不是我的错,为什么要批评我?'你会怎么办?你会再说些什么呢?你的心情如何?"

过程中,这位"80后"中层干部没有作声,一直在思考、点头。

我请他坐回原位,对他说:"好了,现在你不必说什么,只告诉我,你的心情有什么变化吗?有什么新的想法呢?"

他用力点头，说："有很大变化，有很多新的想法。"

这时他身边的一位学员对我说："老师，我想知道，刚才您请他走过去又走过来，这是什么原理呢？"

我说："时间和空间的变化是真实的，转换就会是真实的。"

当我转身离开走向另一个小组的时候，我听到那位年轻的中层干部在向伙伴们说："我刚才站在那边，成为经理，忽然很不喜欢之前坐在椅子上的自己，我可能会比现在的经理批评我还要更加不堪地骂他呢！"

课间休息的时候，我看到这个年轻人在快乐地做操。我想："真是一个可爱的年轻人，虽然他那样做事令人惊讶，但其实是因为从没有人教过他啊！"

> **结语**
>
> 任何人都无法强迫他人相信他所不相信的做某件事的理由。但任何人做任何事，都有动机。而所有的动机，深层次里都是正面的。所以只要找到正面的动机，便能使人看到价值，从而产生驱动自己的行为。过了这一关，剩下的就简单了——找方法。强调不马上回答问题，是为了不使对方通过解释或抗辩困住自己。人们往往在最初的解释或抗辩中，强化自己的"自尊心"。无法开放，便无法接纳不完美的自己。"时间和空间的变化是真实的，转换就会是真实的"。所以，提问的过程中运用好位置和道具很重要。

你会撕便利贴吗？

在需要学员们使用便利贴的课堂上，我经常会这样开始我的课程："你们会撕便利贴吗？"

通常大家会静下来，然后思考。

这是我要的效果。

然后总会有学员说:"这有什么难?"

我会走过去,盯着他:"那么请你撕一下看?"

学员那时都会肃然,会老老实实地按照所有人都会使用的方式:掀起一张来撕下。至今我从未遇见过有换一种方式撕的学员。

我会环顾全体,问:"然而,这真的是对的吗?"

我会手举起一打便利贴,摇晃着问大家:"撕便利贴只有两种方法,刚才这位学员演示的是错误的方法。那么,另一种正确的方法是什么?"

这时大家会纷纷说出各种离奇的方法。

但至今我从未遇见过能说出正确方法的学员。

当我赚取了学员们足够的好奇之后,我会慢慢地边撕边说:"好吧,让我告诉大家,它是应该这样撕的。"

我从便利贴的一侧,横着慢慢撕下。

众目睽睽,目瞪口呆。

这是我要的效果。

我深知,此情此景的布道才最为有效:"掀起来撕是错误的方法,往往这样撕下来的便利贴,贴几个小时就掉下来了。横着慢一点撕下来的便利贴,一般贴两三天都不会掉。"

学员们此刻大抵会悄无声息,或许内心在质疑。

但质疑的另一面就是相信。

我借题发挥:"管理也是如此,对吗?你看到别人做起来很简单的事情,换做你可能会做错。管理,是要去做才能学会做的。管理就是实践。"

大家这时的表情会由开始的惊讶换为释然。

这正是我要的第二次布道机会。

我会话锋一转:"那么,大家今后会按照正确的方法去撕便利贴吗?"我会配合出很严肃的表情。

有人会说："会。"

我会立即断然地说："是的，有人会，但多数人不会，他们仍然会按原来的方法去撕。"

大家又会悚然。

这是我要的效果。

我会再次抓住布道的机会："知道不等于做到。这就是管理。不是吗？管理是习得的惯性思维与惯性动作。我所经历过的学员，在知道了正确撕下便利贴的方法后，在实际使用时多半仍然会按原来的方法去撕。你们觉得今天的你们会是例外吗？"

有学员会问："为什么像您这样撕下便利贴就是对的呢？"

我早在等着这句话："是啊？为什么呢？好的管理用什么来证明自己呢？效果！当然只能是效果。这就是管理的逻辑。它只用成果来验证。行重于知。人们是在实践中，摸索出了撕下便利贴的正确方法。"

有学员会问："那么，这样撕的道理在哪里呢？"

当学员这样问的时候，我会认为我的目的已经达到，因为他已经接受做法，进而开始思考背后的原理。

通常我会放松地说："我只能去猜测它的物理原理，掀起来快速撕下的便利贴，会是弯曲的，贴上去会有卷曲的张力，容易掉下来。横着慢一点撕下的便利贴，比较平坦，不会有卷曲的张力，同时微观上它的胶液会呈横向拉伸状，横向的拉力比较足。"

这时多数学员会换上恍然大悟的表情。

但我会这样收束这场破冰："当然，这是事后的解释，也不一定对。我们只要知道，横着撕下是对的方式就够了。让效果说了算。"

结语

怎样撕下便利贴才是对的？相信没有人会想过这个问题。同样，相信也很少有人会对人们安之若素的管理行为提出质疑。因此在培训破冰中，这个如何撕下便利贴的演示变成了一个很好的隐喻。在这个隐喻中，不断运用提问来引申讲解什么是管理，意外地有说服力！从教学角度上看，会收到事半功倍的效果。

不是因为旁观者清

一次，一位老师说："学员有提问的权利，老师没有直接告知的权利。"

另一位老师大为不解，于是我跟他有一段对话：

"为什么你对这种说法存有疑惑？"

"老师的职责就是传道授业解惑，当然就应该直接告知。"

"你已知多少种回答学员提问的方式？"

"有直接告知的方式，当然也有启发和引导的方式。"

"在你的经验里，哪一种效果更好？"

"直接告知效果更好，所以我基本上都是采用这种方式。"

"在你过往的授课经历中，一定也有当时没有直接告知却很好地解决了学员困惑的情景，请回味一下，现在有什么样的感受？"

"感受当然也不错。但是，还是直接告知才是最好的。"

"直接告知的时候，你有没有认真觉察学员的反应？"

"当然有，学员反应很好。"

"现在请你认真地回想一下，每当你急于直接告知的时候，自己真实的意图究竟是什么？"

"当然是解决学员的问题。"

"你有没有想过，你自己是怎样知道这些答案的？"

"当然是通过学习得到的。"

"学习的过程是怎样的？"

"很多方式啊，听课、读书、请教老师。"

"还有呢？"

"通过实践来验证。"

"也就是说,并不是全部来自告知?"

"当然。不过,直接告知应该是最好的方式。"

在我们对话的过程中,我注意到身边的一位一直沉默着的女老师,精神高度集中地在听,每当我问出一句的时候,她都会迅速地不住地点头,并且飞快地在本子上记录着。

很多时候,你专注地与某人对话,身边却有另一双灵敏的耳朵,听到了全部的秘密。

> **结语**
>
> 学习的机会无处不在,学习者便无处不在。或许逻辑正相反,学习者所在的任何地方,都会出现学习的机会。"灵敏的耳朵",来自于反思的能力。

用提问重新定义难题

一次在培训班上,我讲到用提问技术来重新定义难题,有几位管理者当即提出了自己的难题,想亲身体验一下。我提醒他们可以不用回答我的提问,只需用心聆听,同时反思。

一位管理者马上说出自己的难题:"如何通过有效的培训,快速地提高车间人员技能水平?"

我站到他身边:"你怎样定义你所说的'有效'?你所说的'快速',可以分为几个阶段?每个阶段又是多久呢?你在每个阶段要重点提升的技能是什么?如果在车间开展行动学习,你准备重点使用哪些学习工具?你如何在车间培养出一名催化师?用什么方法培养?"

我示意提问结束了。

立刻又一位管理者说:"我的岗位变更后角色发生了变化,从专业到全面，怎样提高自己的技能水平，进一步管好车间？"

我面向他："你是如何理解自己的定位的？领导对你的期望是什么？岗位变更之后你的心态有什么最重要的变化？从中你能得到一些什么样的信息？'从专业到全面'的优势是什么？你打算怎样发挥这些优势？"

他陷入沉思。

这时第三位管理者说出自己的难题："车间人员配置严重不足，罐区生产操作频繁，如何确保车间的安全平稳运行？"

我走近他："你所谓的'人员严重不足'是指差几个人？假如这几人补充上来，你如何安排才不会出安全事故，从而保证平稳运行？"

我走到讲台，再次强调："请难题贡献者不要回答问题，专心于聆听，重要的是要在心里重新描述自己的难题。"

第四位管理者站起来："现在车间人手少、事情多，如何提高各个专业之间的合作意愿和效率？"

我问："你为什么如此看重合作意愿？发生了怎样重要的事让你产生了这个想法？可以描述一下你要达到的效率吗？你刚才说事情多，是人手少造成的吗？如果把事情分成几类，你会怎样划分？那么每一类你会采取什么样的方式、动用多少人员去做？完成每一类的标准又是什么？"

第五位管理者又接着说出难题："目前车间人员的层次差距非常大，老员工多，一部分新员工对车间制度落实不到位，考核对他们来说也无所谓，作为一个车间主任，应该如何加强管理？"

我问："你刚才说你的人员层次差别大，那么可以分几个层次？对每一个层次，你今后准备采取什么不同方式去对待？员工会对一些制度和考核无所谓，那么这些对员工来说感觉无所谓的制度和考核有什么特点？"

第六位管理者加入难题发布接力赛："我在目前的岗位时间比较长了，能力好像停滞不前，工作的激情也不够，心里感觉比较茫然，如何改变这种状况，带动车间的工作更上一层楼？"

我盯着他的眼睛："你平时是怎样学习的？今后你准备怎样学习？特

别是经过这几天的培训后，你有什么想法？你的想法应该让谁知道？怎么告诉他你的想法？'能力好像停滞不前''工作的激情也不够''心里感觉到比较茫然'，这是'在目前的岗位时间比较长'带来的问题吗？为什么把它归结到这里呢？如果不能完全归结到这里，那还可以归结到哪里？我注意到你说'我如何才能带动车间的工作更上一层楼？'，这个动力产生自哪里？"

他张开嘴，欲言又止。

第七位管理者的声音很大："下属的上进心不足，如何通过培养让下属快速成长？"

我先盯着他，然后面向所有人问："在你们的眼里，下属中上进心最足的是哪些人？在心里说出他们的名字来？上进心最差的是哪些人？同样在心里说出他们的名字来？那么，过去你们在他们当中发挥着怎样不同的作用？致使他们产生这样的分化呢？"

第八位管理者细声细气："车间人员技术创新能力不足，知识面掌握不够宽，对于全流程的优化方案没法提供很有价值的建议，我应该如何？"

我踱到他身边："如果在国内选择同行企业进行对标学习的话，你会通过什么渠道去定位这些目标企业？定位之后，你准备怎样制定对标计划？如何落实这个计划？你觉得你心目中哪几个人最有可能提出有价值的建议？你准备用什么方法把他的建议催化出来？"

第九位管理者忽然提出这样的难题："车间这几年退休、辞职、生孩子的员工比较多，补充的人数不足，工作很难安排。怎么办？"

我问："对于辞职、退休以及怀孕的这些人，怎么做才能把他们的作用发挥得更好呢？比如说联谊会、互联网＋等等，如果要运用这些元素的话，你准备怎样开始呢？退一步说，你准备放弃或简化哪些工作呢？"

第十位管理者提出的难题似乎很具体："车间缺员比较严重，缺11个人，怎样才能将车间的工作做好？"

我走近他问："如果下一步要优化车间工作流程的话，第一步你想优化哪个流程？那么第二步呢？如果公司要成立一个流动人员的队伍，用于调剂车间和处室的缺员，你准备对这支队伍的建设提出哪些建议？"

第十一位管理者很认真地说："员工普遍认为传达文件等各种学习活动都是走形式，做起来便浮于表面，勉强应付，甚至反感抵触，怎样改变这个现状？"

我问："你觉得员工抵触的是这些活动的方式还是内容？你自己怎样看这些学习活动？请员工自己来设计和组织这样的活动会如何？"

我又走到讲台，又一次强调："请大家都要专心于深度聆听，你应该如何重新描述自己的难题？如何向下属提出能够重新定义难题的好问题？"

这时第十二位管理者站起来："主要领导和分管领导之间存在较大的分歧，常常各执己见，作为下属我感到沟通起来很困难！"

我走下讲台，一直走到他身边："在这种情况下，对你意志的磨炼和能力的提升起到了什么积极的作用？你做过些什么？你该做些什么？你是如何在差异化中学习的？你得到了那么多从不同角度看问题的机会，你是怎样抓住这个机会的？观点不同的好处是什么？观点完全一致的弊端是什么？在你眼里，那些优秀的人是如何更好地处理这些问题的？他们的方法是什么？哪些是可以借鉴的？你从中学到了什么？你今后会如何选择？"

我又走上讲台："好的，提问结束！我要请刚才贡献出难题的学员，用一句话概括一下自己的感受？"

一位马上说："被您提问之后，感觉自己做错了什么。"

再一位说："感觉自己的思路一下子清晰了很多，当然是在静静聆听的过程中自己想明白的。还感到马上回答提问会扰乱自己的思路，或进入老师讲的'解释模式''抗辩模式'，无法进入'汲取模式'。"

另一位说："感到深度聆听很重要！平时很少深度聆听过。"

又一位说："感觉反思是向内的，是指向自己的。"

还一位说："真的像老师之前说的，很多自以为是难题的难题其实是伪命题，提问可以重新定义这些所谓的难题。"

我开始总结:"重新定义难题,首先是改变自己的语言模式,尝试用新的句式或语言去描述你的难题。其次是重新确定难题的边界,使难题的界线清晰地呈现。最后要更加深刻地认识到难题的内涵,清除'我无能为力''我没有资格'的潜在假设,确立'我可以''我有责任'这样的信念。"

> **结语**
>
> 难题就是机会。没有难题才是最大的难题。重新定义难题的过程,其实是细化和分解难题的过程。越是细化、分解,难题的难度越是降低。如果分解至不可分解的程度,你会发现,那已经不是难题,而是解决难题的措施。

做难题的主人

在课堂分组研讨中,一位学员举手示意,我走过去,他疲倦地仰靠着椅子说:"老师,我们小组有一个共同的难题,就是感受到企业发展前景不明朗,员工成长通道不顺畅,薪酬待遇也没有得到明显改善,员工的积极性不高,得过且过,提升自身能力的意愿不强,也不渴望。"

我笑着问:"你想要我做什么?"

学员摊开双手:"希望老师能用提问来帮助我们打开思路。"

我笑着说:"好的,我来提问题,你们不用回答。"

我一口气问下去——

"你刚才所说的'企业发展前景不明朗'具体是指什么?能给我描述几个细节吗?"

"你和谁描述过你理想中的企业前景?你希望谁知道你的这些想法?如果没有和谁交流过,那么现在你最想和谁去交流?你有多少这样的机会?

你有哪些渠道？"

"你所谓的'明朗'，要'明朗'到什么程度才算'明朗'？用什么方式可以达到你所谓的'明朗'？"

"所有那些先进的企业，都是因为前景足够'明朗'才成为先进企业的吗？"

"'企业发展前景不明朗'，就是代表绝望吗？"

"你做些什么，企业的发展前景才会出现一丝'明朗'？那时，你会如何持续、扩展这'明朗'？"

"你所说的成长通道是指谁的成长通道？最着急成长的那类人是谁？最需要成长的那类人又是谁？哪些人正在成长？能具体说出一些人的姓名吗？他们又分别需要什么样的通道？"

"请举例说出3条你理想中的顺畅的成长通道？满足这些通道需要什么样的条件？谁能给出这些条件？用什么方式去告知对方？"

"假设你就是这个理想的成长通道中的一员，你怎么看待这个问题？如果我请你针对这个成长通道提3条建议，会是哪3条？"

"你所在企业员工的总收入是多少？按什么原则分配？需要提高的那部分收入从哪里来？怎么衡量员工的贡献大小？如何根据员工的贡献大小来进行分配？"

"假如一个人有积极性，那是由什么条件促成的？你所在企业现在具备哪些这样的条件？把不具备的条件也说出来，再一一说说怎样才能具备这些条件？"

"你希望用什么方式去提升你本人的积极性？谁能帮助你？你希望得到什么样的帮助？请分别说出来？"

"一个人产生某种意愿通常是什么促成的？请说出意愿的构成？如果这个意愿是个圆的话，你需要画多少块区域？每个区域都代表什么？给每个区域按照满意程度打分，最低1分，最高10分。那么哪个区域得分少于5分？满足什么条件才会从不足5分提高到5分以上？需要多长时间？"

这位学员很干脆："如果按老师的提问逐步分析下来，觉得最后的结果不是在我们职责权限内能够决定的。"

我盯着他的眼睛："这是你预设的结果，你只要设定这个结果，你就不可能解决这个问题。你的结论是什么呢？无非是需要董事长坐在这儿，我来给董事长上课，由董事长发令解决这个问题，这就是你的结论。为什么呢？因为你们解决不了，只有董事长才能解决，这就是你的逻辑。"

我面向大家："整个公司难道只有董事长一个人在工作吗？反思不是替别人反思，是为自己反思，这个道理其实很简单。每一个员工都是企业里的主人，你能做什么？你需要什么条件？不要说'提出来也没用，解决不了'，这种思维模式归根结底推导出来的结果，就是'我们任何人都没有办法，这是不行的。'企业总要面对这样那样的问题，每一个问题你都要找它的价值点，悬挂你旧有的假设，在新的合理的位置上安放新的假设，然后找方法，我们只有这一个出路，我们没有第二个出路，整个企业没有第二个出路，自己就是救世主，你找不到谁能代替自己解决问题。"

我又重新面向这位学员："董事长也解决不了问题，公司不是他一个人的。你的董事长也可以这样说'我有什么办法？那是集团公司的事情'。集团公司老总也会说'我有什么办法？整个国企都这样'。国资委主任也可以说'我有什么办法？中央就这么定的'。中央怎么说？中央说'你们都不动，我能怎么办？'如果大家都用这种思维模式，整个民族和国家的发展都会停滞。这样的心智模式，就仿佛身上自生的盔甲，是挣脱不出难局的。"

那位学员诚恳地说："其实是我们中层干部自身的问题，却总是在拿员工或体制当借口。"

> **结语**
>
> 这里所描述出来的干部们真实的心理活动，在国企里每天都在上演。心智模式问题不解决，所有难题终将还是难题。谁都不想做难题的主人，便谁都不会去担当解决难题的责任。难题的主人，是解决难题的唯一权威。

我也没想到

韩老师:"学过的 NLP 课程,没有时间复习。"
我:"怎么呢?"
韩老师:"每天早上推开办公室的门,人就不断,要处理很多事情。"
韩老师只是兼职培训师。
我:"多好的联结机会!为什么不用这些要处理的事情来复习 NLP?"
韩老师双手捂住头顶,张开嘴呼出一句话:"啊?我怎么没有这么想?"
我:"两者本就应该是一件事,为什么要分开?"
韩老师:"是啊!我怎么没有想到?"
我:"其实我也没有想到。"
韩老师:"什么意思?"
我:"你的问题出现了,我便想到了。"
韩老师:"对啊!不能联结的信息,又有什么意义呢?"

> **结语** 我们学习的目的是什么?为什么要将学习与做事分开呢?没有学习的做事与没有做事的学习,都是不可想象的。

想要的状态

同事:"我怎样才能进入到一种高度专注的状态?"
我:"进入到那样的状态,你最想做的事情是什么呢?"
同事怔住,良久未语。
我:"以往你在什么事情上,能够使自己进入到这种状态?"

同事:"做饭、读书。"

我:"你会得到什么呢?"

同事:"家人的夸奖和内心的满足!"

我:"此外,你在什么事情上最想得到他人的夸奖和内心的满足?"

同事:"写东西。"

我:"为什么做饭能令你得到?"

同事:"因为是为家人,一向就很用心。我会根据每个人的口味来做饭!"

我:"你最想给谁写东西?"

同事:"所有能看到我的文字的人。"

我:"其中,哪一部分人是你最想为之写作的?"

同事:"希望是那些有机会看到我的文字的所有人。"

我:"为什么做饭能够根据每个人的口味?而写作却不能?"

同事又怔住,良久未语。

> **结语**
>
> 类比是一个好方法。相似性,是学习发生的核心区域。人只能在经历中学习。所有的未知,其实都可以是经历。因为,人的未知与猫啊狗啊的未知是不同的。或许可以这样说,猫啊狗啊的未知同样是它们的经历。

成为你设计的样子

在微信中的培训圈子里的对话。

我:"同一块木头分别做成了一尊佛像和一条门槛,门槛说凭什么佛像受人香火跪拜,我只能遭人踩踏?佛像说,因为我经过千刀万凿,你只受一刀。门槛不服,找来同一块木头制成的切菜板,说切菜板也经过千刀万砍,怎么和你不一样?"

韩老师："有设计的雕琢与乱砍不同。"

我："那么，请设计一下佛像的回答？"

张老师："佛像说，我是经过千刀万凿后才敢上岗的，切菜板是上岗后才发现落下的原来都是刀子。"

我："还有呢？"

张老师："佛像说，我挨的每一刀都让我更接近美好，而切菜板挨的每一刀都让他更接近毁灭。"

我："还有呢？"

李老师："佛像说，佛无相而生佛，心无所驻，色即是空，切菜板成人之美，乃我佛在俗间的化身。"

我："还有呢？"

苏老师："佛像说，每一块原始的木头都隐藏着一尊佛像，如果切菜板亦欲成佛，只需要切掉多余的部分。"

我："还有呢？"

苏老师："佛像说，因为切菜板承受千刀万砍是为了他人做出改变。"

我："还有呢？"

苏老师："佛像说，因为千刀万砍也没有使切菜板肯于做出改变。"

我："还有呢？"

段老师："佛像说，每挨一刀都是一次改变，我只是愿意变成我想成为的样子。"

我："还有呢？"

卢老师："佛像说，我们一体不二，形异性同，门槛、切菜板亦具佛性，只在一念耳！众生皆然。"

我："还有呢？"

张老师："佛像说，切菜板宁受千刀万砍也不肯做出改变，是因为他只愿意保持目前的样子。"

我："还有呢？"

汪老师："佛像说，我挨的每一刀都是朝着一个目标努力，变成佛的样子。"

我："还有呢？"

苏老师："佛像说，我其实很怕我配不上我所经历过的苦难。"

> **结语** 陀思妥耶夫斯基说："我只担心一件事，我怕我配不上我所受的苦难。"这可以看作是陀思妥耶夫斯基为故事中佛像设计的回应。这才是向内的反思啊！

其实还有更多选择

在课堂上。

学员："于是，我们果断地迎战，也大幅地降价。"

我："然后呢？"

学员："我们赢了！占领了绝大部分市场份额。"

我："惨胜吗？"

学员一愣，然后缓缓点头："是惨胜！不过，我们是最终的赢家。"

我："可以问几个问题吗？请你只是听，不要回答？"

学员："好。"

我："如果不是去降价，而是提价去迎战，你们会怎样做呢？"

学员又一愣，张了下口。

我："如果对方在你们大幅降价的基础上，也大幅地降价，你们准备怎么办？"

学员怔住，没有张口。

我："一定要你死我活才算终局吗？"

学员陷入沉思。

我:"如果要实现双赢,你们准备怎样去与对手谈?会考虑什么样的合作条件?你猜想对手会是什么反应?"

我:"如果消费者也是赢家,那你们与对手的合作会是什么呢?设想这样的成功之后,你会怎样描述这样共赢的合作?"

我的语气加重了"共赢"二字。

我:"如果仅消费者不是赢家,只是你们与对手的双赢,那你们与对手的合作对消费者来说算是什么?"

我:"你们的对手将产品卖给了谁?谁又是你们的顾客?"

我:"我在问,谁是你们真正的顾客?我是指那些你们心目中理想的消费者?他们在哪里生活?你们所在的城市?其他城市?他们有什么喜好?他们在社会上属于哪个阶层?他们在性别、年龄、收入、购买习惯上有什么特点?对这些你们会怎样分析和期望呢?"

学员深深地点头——当然并非由于规定不能说话。

> **结语** 所谓能力,其实只是代表能有多少种选择。只有向自己或他人提出洞见性问题,才有机会发现或发掘那些不曾被觉察的更多选项。

三人行,必有吾师

一次与田老师、李老师聊天。

我:"实际上,很多我帮过的人对我不好。我帮过太多人。真奇怪!而谁要是为我的吃、穿、用、玩做些什么的话,我会生气!这又很奇怪!"

田老师:"这是两个问题。"

我:"是的,两个问题。但我想不通,这是为什么?"

田老师:"其一,你自己的价值系统深处不欣赏交易或利益交换;其二,你又对你帮过的人有某种期待。"

我:"啊?什么期待?"

田老师:"不知道。我是从'对我不好'四个字解读的。"

我:"嗯!准!很准!"

田老师:"我与你很像。"

我:"我还以为自己没有啥期待呢,竟然还有?"

田老师:"你的期待是精神上的。"

我:"那可能是什么呢?"

田老师:"问你自己,怎么样才算对你好?"

我:"嗯,这是线索。"

田老师:"怎么样才算对你好?你说?"

我老实地说道:"第一条,赞扬我。第二条,从知识上帮我丰盛。"

田老师:"我与你很像。"

我:"第二条包括,批评我得批评到点子上。"

李老师:"主要是价值观的问题。我问你,你希望改变这种现状吗?"

我:"不想改。你提了一个好问题。我只是奇怪而已。"

李老师:"就是嘛!既然不想改,接受就好。"

我:"我只是想知道为什么,也许对培训有启发。不过,你的两句话使我的困惑消失殆尽。尤其那句提问。"

李老师:"如果在这件事情里面,你的价值观是你至今所认定的,那你的困惑就是好事啊!"

我:"啊?好事?你的这句话很使我震动。"

李老师:"我觉得你想知道为什么倒是问题。没有必要知道为什么。接受就好了。有时候过于探究这些问题,让自己太陷于头脑,受限于过往与身边的环境,不利于大智慧的成长。"

我:"懂了。"

> **结语**
>
> 很真实的两个困惑,被两位教练很轻松地化解了。其中,"怎么样才算对你好?""你希望改变这种现状吗?"这两句提问如同醍醐灌顶,使我茅塞顿开。这个案例还使我看到,即便是教练,也会经常产生困惑,需要同行的帮助。如同医生若是生病,也是要找同行诊断治疗的。

元宵节快乐

"元宵节快乐!"

一位朋友在微信里发起了与我的语音对话。

她说:"哪怕一句这样的问候,我都希望会使人舒服。我要改变自己!"

我问:"发生了什么?让你想做出改变?"

她:"痛苦。"

我:"什么样的痛苦?"

她:"人活着的真相是什么?我不会玩,没有生活中的快乐,对工作中的每件事都用力过猛,总是选择孤独的生活,感受到人的复杂。"

我:"人从来是复杂的。痛苦在促使你成长。在童年、少年时期,你经历过什么让你记忆深刻的事件?"

她:"贫穷!每一个日子都是艰苦的、难过的。童年时,计划生育委员会的人很吓人,那些人一进村,很多人就东藏西躲,其中就有我的父母亲。二娘对娘不好,我便总去讨好她。一次与二娘路上相遇,我扬着小脸去献媚,她理都不理我。后来我猜想,那时的我是要为父母亲分忧。

现在的我，虽然单位几个月不发工资，我却还是要做为单位分忧的事情。"

我："这些使你得出什么结论？"

她："我只适合悲伤的性格和悲苦的生活。"

我："现在面临的难题是什么？"

她："团队中的小伙伴们分崩离析。"

我："你从中感受到什么？"

她："有苦说不出。无法改变自己。"

我："告诉我，你到底想要什么？"

她："最终找到自己。令自己满意。"

我："每个人都是带着使命来到世上的。你也是。你刚才讲述的事情，都在证明着你就是带着那样的使命来的。你应该允许自己像现在这样活着。你应该谅解自己成为今天的样子。你可以暂时地满足于长成这个样子的过程。同时，你应该允许自己做出哪怕一点点的改变，然后将这改变记录下来，看看自己日后会怎样评价。你愿意吗？"

她："我愿意！我哭了，您的第一句话就让我哭了！我现在可以接纳自己了！这真是奇怪的感觉。"

我："你可以不急着做更多的改变，先做一点改变。但是，就这一点改变，你要看到效果才行，看看那结果是不是你所期待的。如果不是，那就考虑一下，是不是真的要做出这一点改变？如果真的要做，那就再尝试去做，直至改变发生。暂时做不到的改变，可以先放置起来，以后再拿出来审视。做到的，效果如愿的，就记录下来，小小地庆祝一下，奖励自己哪怕一句话、一本书或一盘水果。然后，再筹划着做下一个小小的改变。你觉得这样可好？这对你会很难做到吗？"

她："很好！这不难！"

我："记录下这过程，留着不久之后自己来评价，对其中令自己满意的改变，要存放在一个记忆中很容易找到的地方。在做出改变的过程中不用考虑时间过去了多久，过去多少年都无所谓，因为我们不是为着做多少改变而生存的，我们只为改变而生存。你觉得呢？"

她："是的！我会做到！"

我："我们只为改变本身而生存，我们不为改变多少而生存。但是总有一些你本有的东西是你很留恋的，是你认为不需要改变的，那也要记录下来，告诉自己这些是不需要改变的，或者告诉自己这些也许是五年、十年之后才可能需要改变的。如果能够经得起更久时间的检视，那它也许就是不需要改变的。一定会有这样的东西，对不对？"

她："是的！我确定。"

我："你所经历的各类事情，每个人都在不同的领域里经历过，你没有比别人多经历了什么。每个在大街上擦肩而过的人都有如此的经历。你没有特别被命运捉弄。命运捉弄任何人，包括那些伟人、名人、学者，一样的被捉弄。捉弄是命运对人的照顾。只是将这照顾放在了一个盒子里。"

她："命运捉弄任何人！是命运对人的照顾。这句深深触动了我！但盒子是什么？"

我："那个盒子不太容易打开，很多人也不知道去打开它，因为盒子很不招人喜欢。如果想打开，或有办法打开，盒子里就是礼物，就是命运送给你的礼物。你今天就是收到了这样一个盒子。每个人一生中都收到了很多这样的盒子。有一些人打开了，有一些人没打开，有一些人想打开却没打开，有一些人根本不想打开它，因为盒子实在是面目可憎。你的房间可能堆积了很多这样没有打开的盒子，但礼物永远不会过时。你愿意怎样处置这些盒子？"

她："可是大多数盒子没有打开，很多人一样活得很好。"

我："可是他们本可以活得更好，若是打开的话。其实什么时候打开都不晚，就算你老了或快死了的时候，可能仍然有一些盒子还没有打开，也许没有人全部打开过那些命运送给他们的盒子。如果多打开了一些，人生会变得不一样，天地的宽度也会变得不一样，你目光所及的一切都会变得不一样。你希望自己怎样处置这些盒子？"

她："打开了是对的？"

我："你前面讲述这些，都表示你潜意识想打开这些盒子，我只能这样解读。不过也许没有人能帮助你打开这些盒子，可能有人会提醒到你有些盒子需要打开，仅此而已。我所能做的，也许就是这件事，告诉你盒子的存在。但我也不能告诉你怎样打开它，答案只能在你那里。你是这样看的吗？答案只能在你那里？"

她："是的！您简直是神秘的导师，完全被您说到了。您怎么能看到那么透？像您所说，宽度、目光所及，都会不同。此刻我好多了，真的好多了。您的每一句话都在深部疗愈了我，我之前甚至不相信，世上还有人能给我解。我的女儿昨晚说我一直有着深刻的痛苦，她让我找您。"

我："您的女儿是这样说的吗？一直有着深刻的痛苦，其实这是一句表扬的话，等于说你有很多盒子。如果是这样，就存在很多可能，就是打开其中的一些。这对你正是机会，对吗？"

她："是的！是机会。今年的元宵节，我会终生铭记！此刻我觉得自己还是被命运眷顾的，不然怎么会遇见您？谢谢您！再次祝您元宵节快乐！"

我在想，如果每一天都能够当作节日来过，生命不是会更好？过程中，只需要向自己或他人多提一些有洞察性的问题。

我祝愿天下人都能够幸福地生活。

结语

"命运捉弄任何人！这是命运对人的照顾。""只是将照顾放在了一个盒子里。盒子里就是礼物。""你的房间可能堆积了很多这样没有打开的盒子，但礼物永远不会过时。""我也不能告诉你怎样打开它，答案只能在你那里。""人们本可以活得更好，若是多打开一些盒子的话。"这些话都是隐喻和暗示，配合着那些洞见性提问，便勾织出使人能够主宰自己命运所需能量的幻境，从深处疗愈创伤、呵护心灵、滋养战胜困难的力量。

特辑 不妨提问

美国培训大师托尼·斯托茨福斯说："当我们面对别人的时候，我们不会比他自己更了解他自己。每个人都是自己的专家。我们面对的是一个有思想、有自由意识的生命！"但尼采说："离每个人最远的，就是他自己。"那怎么办好呢？苏格拉底开出的药方是：不妨提问。苏格拉底说："我的母亲是个助产婆，我要追随她的脚步，成为精神上的助产士，帮助别人产生自己想要的想法。"我要说："人们原本是多么优秀的人啊！"

对话那子纯——思维

按：此文作者是《大庆日报》记者白玉兰，2014年10月22日发表在《大庆日报》第9版。

国庆小长假，我去见那子纯。

2006年，也是因为采访与那子纯相识。那之后，每一年，我都会去见他一次，所聊的话题与个人无关，多与公共精神有关。

他是位很好的谈话对象，安静，轻缓，平等。

后来有一次——是结识三年后——他说，你是我的培训者之一，我惊讶，他微笑，点头。

就像每年一次的对话一样，这一天，我与那子纯的谈话内容，依然与我个人无关——是一个关于"人的思维方式训练"的话题。

作为培训师，永远都不应该说出答案的，如果受训者没有说出答案来，谈话就要继续……整个过程，培训师调动的是受训者自己的体验，解决的是受训者自己和自己的关系，本质上这是受训者关于自己的过去与未来的一场精神对话。

——那子纯

A 价值观决定一个人的思维方式

记者：7年前，您出版专著《思维创新》。7年来，您一直在更深入研究与实践的路上。您说：思维方式决定命运，为什么？每个人都在用"思维"这个词，但到底什么是"思维"？

那：一提到思维，可能很多人都会觉得那是学者的事，看不见摸不着，跟老百姓没有多大关系，实际上它不是学者的事，是每一个人的事。

所以，思维方式是每个人的问题，无论你愿意不愿意，自觉或不自觉，有意或无意，你都是在按照你的某种思维方式来进行思考，然后得到一个果，这个果就是思想。现在很多人还没意识到思维方式的重要性，往往把它看得很神秘。

记者：思维方式是由什么决定的？

那：它归根结底是由一个人的价值观决定的。

价值观大致由几个因素决定：首先是遗传基因。先天的因素所占的比重，对一个普通人来讲，是很大的。第二条，就是他的成长经历。比如他生长在什么家庭，父母怎么教育他，他的兄弟姐妹是什么样的，后来又经历了什么样的事情，还有他的教育背景。

另外，他经受的突发事件。比如他经历了婚姻不幸，或者他很崇敬的人故去了，或者说他得了重病，或者是……就是这种非常不平常的事件。

还有他崇敬的人和憎恨的人，会影响他的思维方式。他仇恨的人、憎恨的人、敬仰的人，这代表什么呢？代表一个人的价值观。所以归根结底，一个人的思维方式，是由什么做主导的呢？就是受价值观主导的。

记者：一个人面对一件事物他所产生的思维方式，是自觉的还是不自觉的？

那：往往是不自觉的。而不自觉的，往往是不好的思维方式。

生活中，绝大部分人是被遗传基因推动着往前走，这就是不自觉的思维方式。一个人的遗传基因到底能在他的一生当中起多大作用，对普通人而言作用很大。或者说，之所以是普通人，是因为我们常人大多是被动地跟着自己的感觉走，跟着自己的遗传基因走。

而对于那些特殊人而言，遗传基因的作用越来越小。也就是自觉地改造和运用思维方式。自觉的，往往是好的。因为人不会选择不理性的东西，当一个人选择某种自觉的思维方式时，他会屏蔽掉那些不好的思维方式。

这就好比你想养成一个习惯，比如现在，你告诉我你想养成一个什么样的新习惯？

记者：我？我现在特别强烈地想养成一个什么习惯呢？就是我的表达太成问题了，所以我就想每天大声地去朗读，朗诵。

那：你认为，你想养成的习惯是好的还是不好的？

记者：好的啊。

那：你看，凡是自觉的，往往是好的，这就是自觉和不自觉的区别。所以，实际上人对自己的开发往往不够，人往往都是放任自流的方式，或者是模仿他人的习惯，而这些不好的习惯都是无意识养成的，有意识养成的习惯对每个人来讲很少。生活中，百分之八十到百分之九十的人，都是在人生的历程中，与不自觉的思维方式相伴相随。

记者：既然一个人的思维方式是可以在后天习得、锻炼的，如何做到？

那：人的改变是不会停止的，四十岁，五十岁，六十岁，七十岁，八十岁……都可以改变。但是它取决于你后天的习得，有没有主动去修炼自己，正视自己不自觉的思维方式。如果一个人有了积极的思维方式，那他的生活就会改变，命运就会改变。

所以人要不停地改造世界观，我们很多常人（我更愿意把讨论的目标聚焦在普通人身上），很难去主动地自觉地去改造世界观，甚至放弃了，这是最危险的。

其实，思维方式是可以训练的。只要你有方法，有足够的意愿。

B 一场精神对话……

——一场模拟式对话：培训师和我

对话在进行中。

我问：刚才的谈话里，您说是思维方式决定一个人的命运，但生活中，人们往往认为是一个人的性格、家境、文化背景、遇没遇到贵人……这些因素决定命运。

就因这句问话，我与那子纯进入到一场思维方式训练的对话中。对话情境中，他是培训师，我是被训练者。

那：比如刚才你提到贵人。我问你几句话：你所谓的贵人是指什么？在你看来什么样的人才能符合贵人的标准？第二个问题：有了什么才能遇到贵人？你需要做出哪些改变才能遇到贵人？

我：我……

那：你不用回答，不要回答，现在需要你体会，你思考、体会我的问题给你带来内心的变化。

我刚才问的话，你仔细体会了吗？

我：……对不起，我还没进入状态，因为我此刻还是一个采访者的身份。但——怎么给我一点小小的压力感呢？

那：什么样的压力感？

我：就是最后一句话。（指"你需要做出哪些改变才能遇到贵人？"）

那：这就是我问话的目的，就是拓展你的思维。其实思维方式是能训练出来的，就是用我这种方式。

我：那么，我希望这次训练继续——

那：好。我们开始。如果要遇到贵人，需要减少什么才能遇到贵人？能不能说出三条？

我：减少什么？而不是增加什么……我觉得这个不好回答呀。我可以先回答需要增加什么吗？

那：嗯，可以。

我：我觉得，我需要增加根植在内心的那种素养，是我必须要增加的。

那：你所谓的素养是指什么？

我：品质。一个人的品格，就是他那种善。

那：你所谓的品格是指什么？你刚才说是善，在你眼里善是什么？

我：善是一种非常——就是不自觉地……它是一种纯善，纯善是不附加任何条件的。

那：需要对哪些人不善吗？

我：没有！

那：为什么？

我：我，天生就这样吧，哪怕他是个罪犯……

那：是不是对所有人都要善？

我：是。我是这样想的，我这不是想的，天生就这样。

那：无论他给你带来什么不好的，都用善来回应？

我：嗯，这个是。

那：你觉得这样是正确的方法？

我：有时候也会觉得不对，尤其是当自己受伤害了，会觉得纵容了这个人。但对下一个人还会这样去心怀善意，而且对这个人，也很快会忘记他的不好，反正不会去回应他。

那：比如，像对南京大屠杀这样的事件，你觉得如何用你的善去回应日本侵略者？

我：……这个很难，好像，我不能善意地对待……但我还是相信，人之所以为人，他还是会有善根的……

我好像推翻自己了……不对，好像我还是推翻不了……

那：这是在讲需要增加什么才能遇到贵人。还有，需要去掉什么，才能遇到贵人？

我：刚才我的思维方式是正确的吗？

那：没有对和错，只有思考。这种训练方式，就是让你去做出一些改变，让你去深入地思考一些问题，帮助你理解什么是善，帮助你自己定义善到底是什么。

我：要是这样的话，我就应该改变自己，我就不应该无原则地善。是吗？

那：这需要你自己做出决定，思维方式的训练是不能给结论的，起码训练师不能给受训者结论，一定要被训练人自己得出结论。

我：要我去掉什么，怎么这么难回答呢？去掉什么……太难了！

那：你为什么觉得它难呢？

我：还是有一些隐藏的东西不能说出来，或者是，去掉什么就等于是在否定自己吧。

那：或者说，有一个属于你自身的东西在阻碍你遇到贵人？那个阻碍是什么？

我：对于我来说，那个阻碍是，我总是不能张扬，不敢表现自己，在任何场合。

那：那你需要去掉什么？

我：去掉那种拘谨，不能大方。

那：还需要去掉什么？

我：自卑。

那：那把自卑换成什么？

我：那种正常，我特别希望自己有那种从容和正常态。

那：就是把自卑换成从容，然后把拘谨换成什么？

我：还是从容。

那：那就是把拘谨和自卑都换成从容？怎么才能换成从容？

我：修炼自己。

那：怎么修炼？

我：各个方面。

那：哪个方面？

我：比如我曾经想去学演讲。

那：为什么是曾经？

我：最后还是没有实现。

那：什么原因没有实现？

我：还是什么东西拉着我吧？

那：什么东西？

我：好像是一种东西拉着我吧，我还是默认了这个自我、这个本我，我还是觉得这个我才是我，改变了就不是我了。改变了就不是白玉兰了……我还不承认改变的白玉兰，不希望自己能够表达，是这个东西在拽着我。

那：为什么成为白玉兰那么重要？为什么成为你设定的概念，拘谨的和自卑的白玉兰，那么重要？

我：对。她非常重要！她非常重要！我不知道为什么，我甚至为她痛苦，为那个我痛苦，但我坚守着她，我固守着她，我不想让她改变——

那：是不是拘谨和自卑里面还包含着某种非常有价值的东西？

我：对。

那：那是什么？

我：对，应该是东方女性应该有的传统的东西，我觉得这样的女人，才符合东方文化里的标准。

那：用几个词来形容那个东方女性最好的东西，是什么？看上去是拘谨自卑的，实际上是什么样的？

我：实际上，应该是得体的，至少是中国人价值取向里所认同的。

那：那就是说，你可以把拘谨和自卑换成得体这个词，而不是从容？

我：对，对。是的。

那：为什么从容那么不好？

我：从小根植在我心里的那种观念就是这样子的。

那：你不能接受从容里面的什么？

我：从容里面那种，展露在那种大众中间的……

那：从容就是展露吗？

我：其实我知道不是。

那：为什么要用从容这个词呢？

我：我希望自己是从容的，我看到很多，比如宋庆龄温婉中那种自信，那种自然……

那：所以你前面否定的，实际上不是从容，而是否定了展露。
……

"中正式"对话：爱与尊重

整个对话，那子纯语气安静，轻缓，这种对话不伤人，你不会对他反感，你只是稍稍有点压迫感，但是你又怪不到他身上，你会越来越觉得很有意思，并跟随着对话持续思考下去……

这整个过程就是训练人思维方式的过程，在这个过程中，他没有倾向性，他不是要改变你什么，不是要告诉你什么，而是让你自己去思考，帮助你去思考，让你看清你自己。

最后你发现，你所回答的，指向的都是你自己的价值观，也指向你自己的生活体验、经历，他帮助你回忆你的经历，然后厘清你的价值观。

最后，那子纯说："脱离开刚才的谈话，回到你我是采访的角色中来，我谈谈自己的看法——其实，你才是你自己最大的贵人；再一个，贵人是找上门来的，他喜欢你，他才是贵人。"

那子纯接着说："也许你会问，那你就直接告诉我这个答案呗，不对，作为训练者，我永远都不应该说出这个话的，如果受训者没有说出这个话来，那就要继续……这整个过程，你调动的是自己的体验，解决的是你自己和自己的关系，是人与自己的一场精神对话。"

记者问：这种方式叫什么？那子纯：是很多方面的知识糅合在一起的对话技巧，有个专业术语叫"中正"，"中"是不左不右不偏不倚，"正"是尊重。问：有独创的成分吗？那子纯：有。问：独创？源自什么？是根源于对人的尊重吗？因为，在这个过程中，我感受到一种平等，一种极少有的温暖和平等，这个过程中，我感觉自己的思想在慢慢升华，开蒙，这种升华，就让自己慢慢、慢慢走近自己的内心了。那子纯：一种是尊重，还有一种是爱，这种爱不是火热的，不是很明显的，就像润物细无声的小雨一样。记者：是的。这是普世的爱。那子纯：所以，这种充分的尊重和爱，就使得这种对话，需要很长时间，仅就这一个问题，至少需要 3 个小时……我们刚才仅仅是刚刚展开，告诉大家思维方式的训练，可以以这样的方式进行。

记者：我能说出自己的一个感受吗？那子纯：可以。记者：在这次对话中，我感受到，它最终可以成为人际交往中的一个方式，比如同事和同事，朋友和朋友，家人和家人，领导和职员……那子纯：是的。

那子纯 《读书谋生》 微课文字实录

按：大庆书友会的吴溪女士邀请我于 2016 年 4 月 12 日晚在大庆书友会线上语音分享读书心得，我根据录音整理成文字，进行了很有限的修改，保留了口语的风格。为方便阅读，纂出标题，以下是全文。

大家晚上好！我是那子纯。还是要再次感谢大庆书友会的朋友们，我相信今天晚上既会有老朋友，也会有新朋友。希望我们今天晚上就读书这个话题进行一些真实的交流。

今天一整天的时间我都在听课，听了四五位老师的课。其中一位老师讲的一句话，我在这里送给大家。她先问："什么是学习呢？"大家想想这个问题，什么是学习？她讲："学习就是大家一起面对一个真实的问题，然后说真话。"

"谋心"与"谋生"，孰为先后？

今天跟大家分享的这个题目叫"读书谋生"。其实书友会的朋友来跟我联系的时候呢，是让我来谈一谈关于读书的一些心得，我说那就谈一谈读书怎样学以致用吧。过了几天呢，她问："具体叫什么题目呢？"我就随口说了一句："就叫读书谋生吧。"

为什么叫这个题目呢？其实当时没有细想，后来我想了一下。我想起前几年的时候，易中天先生说过一段话，他把读书分为"谋心"和"谋生"两种状态。在他看来呢，"谋生"似乎是比较低的境界了，而显然他推崇的是"谋心"的境界。大家是不是觉得他这种说法很别开生面呢？我想问大家：你怎么看呢？你觉得呢？

我记得南怀瑾先生还说过一句话："读书就是求明理二字，而不是谋生。"我不知道易中天先生是不是知道南怀瑾先生说过的这句话,和易中天先生说的非常相似。这两位先生都把"谋生"放在了读书比较低的层次上。

大家觉得他们说得很好是不是?至少我在刚刚读到他们那几句话的时候眼睛是一亮的,是怦然心动的,觉得很好,啊!说得真好。可是我们现在好好想一想,它到底好在哪呢?哪里好呢?

我又想起梁启超先生对近代中国大学的建设,说过一段话,核心意思是:大学是学什么的?大学首要的是教育学做人,其次才是学知识。大家觉得他说的怎么样?

这又让我想起很多、很多年以前,特别是老师层次的,或者是长辈、领导,或者是……反正是说话一锤定音的那种人,他们说:先做人,后做事。大家觉得这六个字怎么样?你认同吗?我想问的是:先做人,后做事,你是怎样做到的呢?首先你是怎样把做人与做事分开的呢?它分得开吗?

那我还要问:先做人,怎么做呢?在什么地方做呢?谁来教呢?后做事,后是指什么时候呢?20岁以后?还是30岁以后?还是40岁以后?我记得去年的时候,在我参加的那次读书会上,我推荐了一本书,叫《重塑心灵》。那本书里,介绍了一些关于人的大脑的科学知识。我在这里呢,给大家很简单地再重温一下。

大脑就像个中药铺

人的大脑,比如说我们今天生下来的小孩儿,和一万年前生下来的小孩儿一样吗?大家说一样吗?先不要说一万年吧,咱们说一百年。今天生下来的小孩儿和一百年前出生的小孩是一样的吗?在《重塑心灵》那本书里,介绍了这样一些知识:母亲在受孕几个月的时候,胎儿大概有2000亿个神经元,但之后就渐渐失去一半,到我们成年人只剩下1000亿个神经元。神经元,就是老百姓讲的脑细胞。那么什么是思想呢?人学到的那些东西,储存在什么地方呢?据现在科学的研究,就储存在每两个神经元之间产生的联结上。大家想一下，就算我们脑子里只剩下 1000 亿个神经元，就算爱因斯坦的神经元也只能比我们多千分之一，可能还不到。所以人和人之间的智力在基础上的差别，接近于可以忽略不计。

但是神经元虽然是那么多，它所建立起来的联结是不一样的。其实人的智慧、人的学识就储存在那些联结里。就是说，神经元之间都会有联结的。我们把它称为大脑的联结网络。那么这些大脑的联结网络，是怎么建立起来的呢？婴儿是没有很多联结的，非常稀疏的。大量的联结是通过人的经历不断丰富而逐渐建立的，人的智慧程度取决于联结的数量。

一个人的人生当中会有无数个经历，比如吃香蕉是一个经历，吃苹果又是一个经历。那么第一次吃香蕉、第一次吃苹果，对于建立联结来讲是非常、非常、非常重要的。为什么呢？如果你反复吃香蕉、吃苹果，渐渐地你就会从那种感受里沉淀出一种叫价值观的东西，或者说叫信念的东西，那么这些信念有多少个呢？平均每个成年人超过 100 万个。

人们在社会交往、学校生活、工作岗位上经历的所有的事情，其实都是在回忆，都是在发生回忆。因为他大脑里该建立的，都建立起来了。就像你到中药铺，你说我要开当归，伙计他就把一个写着当归的抽屉打开。大脑里和抽屉上写着各种中药名称的中药铺是一样的格局，那些联结里还分类分层储存着知识、情绪和画面。我们在现实生活中的每一个事件，都会触发我们神经网络里的价值观、知识、情绪和画面，从而做出情绪上的、行为上的、思想上的反应，这些反应首先都是在大脑中提取和完成的。

我们在上中学的时候，我们的哲学老师告诉我们，全世界的哲学家就分为两种，一种是唯物主义的，一种是唯心主义的，世界是物质的，物质是决定性的，物质是运动的，运动是有规律的等等。其实今天用大脑的科学知识来回顾这样的判定，我们就会发现，就连思想本身都是物质的，它是一种生化物，它是在神经元之间的联结——其实还没有联结上，留有一个狭窄的缝隙，缝隙之间跳跃着一种叫作神经传递素的物质，思想就是这样产生的。

凡事总要不断地做，才会渐渐明白

好了，今天我说几个人的名字好不好？比如说，齐白石，比如说，八大山人，比如，说郑板桥，他们是不是"谋生"的？他们其实有的时候"谋生"还很艰难呢。再比如说苏轼，我们看前面提到的是作画的，苏轼是写文章的，还有欧阳修，当然郑板桥也写文章。他们的文章作得比较好。那你说他们没有"谋心"吗？他们不够"明理"吗？或者他们"做人"不够好吗？他们是那种"先做人、后做事"的人吗？他们能分开经营这两样东西吗？

我们会说，我们现在所处的时代，是学习的时代，是竞争学习速度的时代，这没有错。其实哪个时代不是这样的呢？在读书、学习这个问题上，这个时代和任何一个时代都是一样的。就"谋生"来说，不容易，那么"谋心""明理""做人"就更难了。我想说的是，"谋心"也好，"明理"也好，"做人"也好，离得开"谋生"吗？

我们今天的话题是读书，那么书到底是什么？在我看来，书就是用文字来表达的某些实践，连小说都是。如果读书不是一种实践活动，如果读书不是源于实践，也不是致用于实践，那么书的意义是什么呢？我希望大家在读书的时候，要很明确地告诉自己，我读到的哪本书，对我的谋生更有益？无论你读书的过程怎么花哨，从开始，到最终，它都是谋生。

当然你在"读书谋生"的过程中，你可以体会那些"谋心"的事情，体验"明理"的那种美好感受，你也可以崇高、你也可以信仰、你也可以奉献、你也可以友谊，都可以。这个时候，你也许到了"谋心""明理""做人"的境界，这当然都很好。

但是，我要问的是：你是怎样做到的呢？你是从哪里走向崇高的呢？你是从哪里建立信仰的呢？你生下来就讲奉献吗？你生下来就懂得友谊吗？是不是"做事"的过程中，在"谋生"的过程中，那些一次又一次的经历，特别是"第一次"的经历，刺激了你的大脑，然后产生那些联结？让神经元之间产生了更多的联结？

是的，就是这样的，所以人生最重要的不是读书，是经历，是实践。有经历、有实践、有体验，你才读得懂书。有的人说，我这一年读了一百本书。其实不如听到你说，我这一年才读了一本书，但我读了一百遍。古人说"书读百遍，其义自现。"这句话是什么意思呢？这句话其实是在告诉我们，所有的经历都会慢慢深刻成为观念、成为习惯、成为本能，然后储存在那些"中药铺"里，也就是大脑里。这样，你的大脑的网络，就会变得足够的丰富。

我们中国老百姓常用一句话来形容某些人：脑袋里缺根弦。那根"弦"是什么？那根"弦"就是神经网络。如果我们在"做事"、在"谋生"的过程中，兼而读书，日子一定过得扎实，一定会有成果。

你读书的理由足够真实吗？

所以呢，为什么要读书？如果你真心地、发自内心地回答这个问题，那么无论什么样的理由，都是可以的，都是应该尊重的。但是最好不要人云亦云地说读书是为了什么，比如说是为了学习知识，又比如说是为了欣赏和享受人类创造出来的那些美好。或者有的人干脆说，我读书没有任何目的，我读书不需要任何理由，我就是喜欢读书，听起来好像挺纯粹。其实这三种说法，你觉得它缥缈吗？矫情吗？你觉得足够真实吗？

是的，因为这些话都显得很是空洞，甚至充满了自我欺骗性。它不会是你读书真正的目的，因为这种似是而非的说法经不起询问。比如说，你说你读书是为了学习知识，那我问你，你学习知识的目的是为了什么呢？知识又能给你带来什么呢？如果你能够真实地回答，那我就告诉你，你读书的目的不是为了知识，你刚才回答的那个，才是你读书的真正目的。

还可以这样问：那么在你看来，什么是知识呢？我相信，我们此时正在聆听我的分享的朋友们，当中会有一些管理者，那么这个问题就要问这些管理者：在你看来，什么是知识呢？你能通过学习知识来增长管理能力吗？读书真的能给你带来这些东西吗？

有一次，我看一个致富节目。我喜欢看致富节目，那里面都是养猪养鸭养鹅的事儿。我为什么喜欢这样的节目呢？因为那些都是真实的，至少你能看到那些猪儿在跑，那些鸭子在叫。一个要养猪的人，买了十几本养猪的书，我想大家都猜得到结果，他失败了。后来他怎么成功的呢？后来他请教了几个会养猪的人，虽然那几个人的规模都不大，但至少他开始真正养成猪了。后来经过他自己的努力，他找技术站，找大学的老师，后来他超越了那些曾经教给他怎么养猪的能人，他成了那一带的养猪大户。我想问的是：在他成功之后，他能写一本养猪的书吗？别人看了他的书就会养猪吗？

那有的人说，我读书不是为了学习知识，我是为了欣赏，我是为了享受的。其实这也可以像刚才那样问几个问题，来帮助你厘清你为什么要读书。比如说，我问你：你所谓欣赏的标准是什么？还有你享受到的那些美好，它的本质是什么？比如说，你怎么欣赏和享受伟大的悲剧呢？你在欣赏和享受的背后，是代表了什么样的价值观呢？然后你会怎样去选择你的生活呢？我们会发现，我们在做选择的时候，其实都是由你一次又一次的经历所塑造的价值观来决定的。

又有人说，我读书没有任何目的，不需要理由，我就是喜欢读书。同样我们可以问几个问题啊。比如：没有目的的生活是什么样子的？你能告诉我吗？如果读书不需要任何理由，那么你对读什么书有选择吗？你是怎样选择书的呢？你不会拿过来一本就读吧？

还真有这样的人，马一浮。据我主观判断，他是全中国读书最多的人。可是他说，他读书，就是为了搞清楚一些问题的，然后会和一个人聊很长时间，来告诉对方他的想法。那这不就是在致用吗？

其实，你在选择书的时候，书就选择你了。在怎样选择书的过程中，就代表你读书的目的了，对吗？你读书的目的和动机，在你选择书的一刹那，就暴露出来了。所以我希望我们读书的人，我希望此刻在聆听的朋友们，我希望大家都要直面自己读书的动机，对不对？要想一想，当我们这样做的时候，会有什么好处呢？

读书的成果隐藏在读书的动机里

那就是我们接下来要谈的问题，我们到底要读什么书？到底要怎样读？

读什么书，为什么好多人不知道要读什么书呢？好多人都在问：给我推荐一本书吧？其实啊，把自己读书的目的弄清楚了，读什么书的问题比较好解决，特别是现在互联网的时代。比如说，你听说杜威是个大教育家，一百多年前的人物，你在网上搜索一下就知道了，他的书是很难读的，他有一本书，讲思维与教育的，很难读，我读了几个月。为什么不知道读什么书好？就是没有真正弄清楚自己读书的目的。

其实怎么读书，这和读书的目的也非常相关。比如说考大学，你就要背书，其实考完大学的第二天，你所背下来的那些书，有一半会忘掉。人的潜意识是保护人的，潜意识永远不会欺骗人，潜意识告诉我们：背书就是为了考大学的，那么考完了就没用了。当潜意识里埋藏下这个信号的时候，我们肯定会记不住背过的那些东西。

我还是谈一下我个人读书的目的。比如说在过去的十几年当中，我是为了做好干部管理工作而读书的。当然我在很年轻的时候，也是读《红楼梦》的，也是读《约翰·克里斯多夫》的，也是读《包法利夫人》的。但是当我在大庆油田组织部从事 13 年干部管理工作的时候，我所有读的书都是围绕着工作的，因为它和我的"谋生"有极大的关系。我曾经对人讲，其实做干部管理工作，对我帮助最大的一本书，不是人力资源方面的书，而是《围城》。因为这本书写的是人性，管人就是管人性。就如同你买了一台洗衣机，你总得看看"说明书"吧？告诉你怎么用。用人也一样，用人之前要读一读人性的"说明书"，《围城》就是这样一本书。我读了 10 遍，我记得最后的几遍读下来，我可以一个小时就读一遍，因为太熟了。书是越读越薄的。

那么最近几年我都在读什么书呢？都是培训方面的书，因为我在做培训工作，同样是为了"谋生"。我不否认在这个过程中也"谋"了"心"了，也"明"了"理"了，也"做"了"人"了。但是这完完全全是离不开"谋生"这条主线展开的。我到现在也是这样，我只读培训类的书，当然这不包括闲时浏览一下其他的书。

书，究竟应该怎样读？

我所谓的读书，是要读很多遍的，12遍、13遍、30遍。前几天和一个朋友聊天聊了6个小时，他在外面讲课的时候，就提到我，说某某读了30遍《卓有成效的管理者》，他说自己这辈子也不会读上30遍，他在外面是常讲到这本书的。所以我读书的方法就是反复地读。当我读了一遍的时候，我很高兴，哇！写得真好。当我读两遍、3遍、5遍的时候，我发现，很难读，不容易懂，甚至我发现，某些地方我根本就没读懂。

我经常坐飞机，我喜欢坐飞机，为什么呢？因为要候机，就可以读书，在飞机上也有很多时间啊，我也可以读书。那你说，平时你干什么？平时你就不读书吗？我平时没有时间读书，或者读书的时间很少，基本上把精力都放在工作上。我发现当我全心全力把精力放在工作上的时候，我就会读书了，我就能理解书里讲了什么了。在前一段时间，过春节的时候，我读了6本关于行动学习方面的书。这是我个人读书的一点零七八碎的体会。

其实我对读书还是有计划的。比如退休之后，为什么要退休之后呢？因为退休之后我就可以不把精力都放在工作上了。退休之后，我要系统地读中国的古籍，这是我的一个梦想，一个很久以来的愿望。如果幸运的话，能再多活几年呢，那就读一读外国的名著。

但是我估计就算退休之后，我读书的方法也不会变。我会边读边用，因为只有在用的时候，我才会和作者的距离最近，在那个时候，我想我读书的目的，仍然会是为了"谋生"。不会是为了退休金，我要像马一浮一样，为了弄清楚一些问题，同时告诉给人们，让其他的人也能更好地"谋生"。就比如说我现在答应做这期读书会的微课,就是抽出时间来和大家交流的,目的呢?就是在自己"谋生"之余,兼而为了大家一起"谋生"。

唯有把自己摆进去,切己体察

最后,我想讲这样一个意思,读书怎样能读进去?读明白?那就是要把自己放进去,要反思。为什么要把自己放进去?为什么要反思呢?我前面讲了人的大脑的一些构造和大脑的工作原理,我们知道,其实我们所有在读书过程中产生的反应,都是经由经验引发的,是由我们人生的经验奠定的。读书必须产生变化,这是我们人生的理由。

这个理由比较抽象,什么样的变化?比如说你读了一本书,第二天你的行为改变了,我承认,这是学习。如果你读了一本书,一周以后,你的能力有提高了,我承认,这是学习,学习行为发生了。更重要的是,你读了一本书,你的心态变了,你看世界也不一样了,你听鸟儿叫,你看叶子,你看泥土,你感觉世界不一样了。那么我想,这本书真的有用了。为什么呢?因为它跟你自身的成长真正发生联系了。

也就是说,你通过读书有自尊心了,你通过读书你自信了,你通过读书你会爱自己了,你通过读书能自立了。如果一个人是自尊的,是自信的,是自爱的,是自立的,那么这个人的价值就提升了,那么这个人就该读书,否则就不该读书,那还读什么书呢?那多浪费时间?不如出去打一会儿羽毛球、出去打一会儿乒乓球、出去打一会儿扑克。只有在那个时候,当你的自我价值得到提升的时候,我承认,学习真正发生了。

总之,读书就是为了用的。但是在读的过程中,或者说在读之前,或者在读后掩卷沉思的时候,一定要想一想这个问题:我,要什么?我,擅长什么?我,靠什么"谋生"?读书能把我"谋生"的层次提高到什么程度?如果能做到这一点,也就是说,以终为始,从终点那里,倒推我该做什么?一步一步怎么做?那才叫"不忘初心,方得始终"。

我要和大家交流的读书谋生这个话题,就交流到这里。各位朋友们听完我的分享，一定会在自己的内心里产生各种各样的反应，这非常正常，这一定促使你回顾了你的经历，促使你思考，你为什么要读书？我今后该读什么样的书？我该如何去读？无论你产生了什么样的想法，它都是对的。我说的"对"，是一个相对的概念，它相对于你的系统而言，它是"对"的，它不可能是"错"的，也无法"错"。所以，重要的是什么呢？重要的是构建"对"的系统。

我希望大家在未来读书的日子里，能够不断地丰富、丰盛、校正你的系统。让你的系统更有高度，让你的系统更丰富，让读书真正来助力我们的"谋生"。能让我们的"谋生"，真正有"谋心"的境界，有"明理"的效果，有"做人"的功效。我想，那就是功德圆满、万事大吉了！那就是，一个真正的读书人，一个真正的学习者，他一定会在社会这个系统里、在家庭这个系统里，得到他应有的位置。

最后再补充一点意思，读书是非常辉煌的一件事儿，你相信吗？我是相信的！我们大家都可以试试，看看读书是不是非常辉煌的一件事？

读书是为了更好地采取行动

最后，受主持人之邀，在这里我也很愿意和大家互动一下。

好的，刚才一位书友说，让我分享一下关于行动学习的读书心得。这个太小众了，我估计你是搞培训的。其实行动学习在西方，是20世纪40年代出现的，70多年过去了，在中国行动学习是罕见的。但是有一些类似于行动学习的形态，我更愿意把这种形态称为团队学习，因为它应用了一些行动学习的元素。那么您刚才问的是行动学习，我就简单说几句吧。行动学习不是在教室里进行的，是在岗位上进行的。另外呢，它没有老师，它是一个学习的团队，七八个人，他们面对的是一个真实的难题。这个时候，需要有一个中立身份的人，我们通常称他为催化师、引导师、教练，都可以。他们通过某种程序，比如说提问，提问是学习的核心技术，通过反思，来解决难题。并且他们被授权去解决这样一个难题。通常一个好的、大一点的行动学习的项目，要几个月，至少要几周。

刚才有书友问，把自己放到书里，要具备什么样的条件？那就是不要把自己作为旁观者，不要看别人笑话，把自己放进去，想一想，如果我身临其境，我会怎么做？要确认一种学习的心态，就是万物皆备于我，就是在别人身上发生的问题，也可能在我身上发生，我该怎么面对？把自己摆进去。再补充一句，要反思，只有反思才是真正的学习。

刚才有书友提到我读了30遍的那本书，在这里我要给大家推荐这本书，叫《卓有成效的管理者》。这本书表面上来看是写给管理者的，其实在我看来是写给所有活着的人的。因为人只要活着，就需要这本书的观点、方法，来修正自己，来让自己活得更有滋味，活得更明白。这本书呢，在我看来有这样的特点，这本书的作者是德鲁克，他用最浅易的语言、浅白的语言，讲了最深刻道理。能做到这一点的，一定是大师。所以，德鲁克被称为是"大师中的大师"，的确不一样。

刚才有书友提到辉煌这个词，这是今天上午我在听一堂课的时候，一位老师用的一个词，当时这个词把我震到了！当时她脸上洋溢着的那种神情，让我看到她已经触及了那个境界，我也是心向往之，所以把这个词放在这儿，与大家共勉。

深度聆听，才有机会学习

我看到大家在群里纷纷表达自己的感受，我想请大家问自己一个问题，就是你处在哪个聆听的层次？

通常，我们把聆听分为三个层次。第一个层次，只是根据自己的喜好而形成的直觉来取舍的，与他的喜好一致，他的直觉就告诉他，来吧，进来吧；如果不一致，他就完全听不到，就像我读那本书，我最近已经读了第31遍了，但其中有一句话我居然没有读到，我很惊讶。那句话是什么呢？那句话其实很普通，就是：能力是训练出来的。不是谁教的，也没有人能教得了。本来很质朴的一句话，但这的确是德鲁克对管理者这种角色的本质的洞察。所以，如果说你处在第一个层次，你就只能听到你自己，你听不到别人，因为你听到的每一句话，你都瞬间对它做出了评判。所以处在这个层次，你就是自动化的聆听，其实你没有在听，你只是在自动化地评判。

第二个层次，就是把自动化评判的这个系统关闭了，然后创造出一个新的系统，这个新的系统告诉他：听着，看对方会说什么我不知道的？这才是我感兴趣的，我很好奇。我对天才这个词，有自己的理解，就是特别、特别、特别的好奇，这种人应该是天才。所以处在第二个聆听层次的人，他总是在聚焦新的机会。他尤其对自己感到陌生的东西，甚至是刺耳的东西感兴趣，因为他试图在这里发现更多、更多的可能。

第三个层次应该是注意力放在语言之外的聆听，不仅是在听语言，而是全方位的、结构化的聆听。我觉得自己在很多时候还处在第一个层次的聆听状态，开始慢慢地接受第二个层次的聆听模式，我发现它很有意思，对自己很有帮助。所以保持这样的状态，无论是对聆听，还是对读书——其实读书就是无声的聆听嘛，都是非常必要的。至于第三个层次的聆听，往往是面对面的，他会看你的微表情，他会看你的肢体语言，他会把你的经历也放到这里面，一起来聆听，我还不知道那是一种什么样的状态，也是心向往之的。

最终都要指向自己，才能走向辉煌

刚才有书友提到电影《一代宗师》里的那句话，练武的境界，"见天地，见众生，见自己。"我觉得说得很好，最终都要指向自己。而指向自己，最重要的技术手段，就是提问题，最重要的反应机制，应该是反思。

前面提到辉煌这个词，我想起，印度有个哲学家，叫商羯罗，他说过一句话，当然这句话，你要反复琢磨它的味道。他说：真正的自性，就是永恒的觉知，它永不停止对无限的体验。我觉得能够做到这种境界的话，应该就是辉煌的境界，就是读书或者修身的辉煌境界。

好，今天我们分享了"读书谋生"这个话题，听起来挺"功利"的。但实际上我们自己慢慢体会，我们是无法将"谋生"和"谋心"分开的。如果说"谋生"是读书的载体的话，那么"谋心"就是读书的灵魂。

今天就跟大家分享到这儿。非常感谢大家的聆听！

附吴溪女士2016年5月17日发表在《大庆日报》第12版上文章节选

真正的自性，就是永恒的觉知

4月12日晚8点，153名书友聚集在大庆书友会的线上微课，聆听那子纯的《读书谋生》主题分享。这次对大庆书友会线上读书会来说，不同以往。以往的微课，大多是主讲人进行知识灌输。而此次的微课，那子纯共抛出了90多个关于读书的深度问题，每个问题都在引发书友们进行自己与自己的对话。那子纯循循善诱，用一个个提问，引导书友直面读书的真实目的。

"人必在做事中学习做人，必在谋生中实现谋心，否则就会孤芳自赏地活在自己臆造的空中楼阁里"。那子纯在主讲结束数日后的一个清晨，将这段话发给了我。

那子纯的主讲，之所以与众不同，是因为针对你的问题，他从不会给你一个明确的答案，他会设问一系列问题，引导你自己寻找到问题的答案。

这次主讲在线上读书会群里带来的震动，是从未有过的。主讲结束后，白玉兰告诉我，整个主讲，她一直在被书友反馈给她的感受打断，每个人都在表达他们最直接的感受——真实。凌晨两点，仍有书友和她在电话里热烈地聊着此次分享的感受。

在各种反馈的声音中，有赞同的，也有质疑的。在将微课音频整理上传后，热度再一次发酵。微课结束数天后，仍有书友来和我交流对此次"读书谋生"主题的想法。这也是线上读书会与众不同的地方。这里不是一言堂，而是包容各种观点。

后　记

很多人以为，在国企当领导，是很舒服的。这看法既对，也不对。因为其中的坎坷者很可能会与顺畅者一样，在结局时会将旅程定义为舒服。我便属于这一种——何况我也有顺畅的时候。而且我相信也不会是所有的顺畅者都会在结局时将旅程定义为舒服——"无灾无难到公卿"（苏轼诗句）未必就会幸福。从未想过现在自己会当老师，虽然这曾经是儿童时期的梦想。更从未想过自己现在会如此地愿意只成为一名老师。尤其，说什么也不会想到自己现在如此地不愿意再去当领导。但如果没有之前当领导的经历，我又怎么可能成为一名受到中高层管理者欢迎的老师呢？命运之神就是这么精明，将这一切都安排得很合理。甚至，那旅程中的坎坷经历浑然地与顺畅经历一道，成为今天我的课程中最吸引人的地方。只是近几年，我领略到洞见性提问的力量。于是，行走中便沉淀出这本书。

那子纯　于北京石油管理干部学院
2017 年 7 月